青春文庫

この一冊で面白いほど人が集まるSNS文章術

前田めぐる

青春出版社

はじめに

「会いたい人・仕事・情報」をSNSで集められるかどうかは、文章で決まる！

なぜ、成果につながったのか？

『この一冊で面白いほど人が集まるSNS文章術』を手に取っていただき、ありがとうございます。

本書は2013年発刊の、『ソーシャルメディアで伝わる文章術』を文庫化したものです。この数年の間に大きく変わったSNS事情を組み入れながら、大幅な修正を加えました。

「SNS文章術」とありますが、正確には、「ソーシャルメディア（SNS＋ブログ）」の文章術として活用していただけるようにまとめてあります。

本書は、誰でもいいからフォロワーを増やしたり、裏技を使ってアクセスアップしたりすることを目指す本ではありません。

それでも、前著では次のようなご感想をブロガーの方々をはじめ、各方面よりいただいていました。

「PV（ページビュー：閲覧数）が3倍になった」
「いいね！が増えた」
「この本に書いてあることをツイッターでやってみたら、リツイートが増えた」

なぜ、PVが3倍になったのか？「いいね！」が増えたのか？リツイートが増えたのか？

アクセスアップのコツを目指す本ではないにもかかわらず、です。

しかも、「発売されてから今までずっと、パソコンの横に置いて、辞書のように引いている」というお声もいただいています。

なかには、著者の私もびっくりするぐらい、成果に結びつけている人も。

SNSで書く目的とは？

成果を上げている人たちに共通しているのは、目的意識が高いことです。

「いたずらにアクセスを増やしたいわけじゃない。自分が会いたいと思う人にこそ読んでもらえる文章が書きたい」

「万人受けする文章よりも、特定の人に刺さる文章を書きたい」

「自分という人間を分かってもらうために発信し、仕事のオファーを呼び込みたい」

「専門家として役に立つ情報を発信して、すでにつながっている人との信頼を深めたい」

もし、あなたもそう考えているとしたら、この本がきっと役に立ちます。

そして、この一冊にぎゅっと濃縮した、

・どうでもいい人ではなく「会いたい人・仕事・情報」を集めるためのコツ

・人の心に刺さる！　伝えたいことが伝わる！　言葉のつくり方
・オリジナルのネタの集め方・書き方
・疲れない（SNS疲れに陥らない）続け方　　などなど

実践を重ねることで、
・PVが上がる・リツイートされる・いいね！　が増える
ということが、起こるのです。

「書くこと」が自分を支える

近年、起業して、セルフブランディング目的でSNSを活用する人もたくさんいます。

そういう人のポジティブな投稿やがんばっている様子を目にすると、「やっぱり自分には特に発信するほどの情報はないなあ」と気後れしてしまうかもしれません。

しかし、もともとSNSは交流を楽しむツールです。無理せず、週に1度でも近況報告程度に投稿してみるといいでしょう。続けるうちに、投稿前の不安はだんだん解消されていくはずです。

やがて、副産物にも恵まれます。日常のささいなことにふっと心を動かされる自分を発見したり、自分が普段何に関心を持っているかあらためて気づいたり……純粋に「書くこと」を楽しめるようになってくるはず。

私の周囲でＳＮＳを使って発信している人は、そういう「無理せず発信」派がほとんどです。

書き続けているうちに、周囲からの信頼が深まり、仕事にも厚みが増してきた人。ちょっと工夫して書き方を変えたことから、前向きな気持ちで日々を送れるようになった人……そういう人たちを目にしていると、書くことは自身を支えてくれるのだとつくづく感じるのです。

もちろん、他人への気遣いが無用なわけではありませんが、リアルでもそれは同じことです。

ほんの少しの気配りや、ちょっとしたコツを知る。それだけで、ＳＮＳをはじめとしたソーシャルメディアで、大切な人たちと楽しく交流できるようになるでしょう。
本書には、そのためのポイントもまとめています。

「伝わる」ことから始まるつながり

第1章では、ソーシャルメディアで投稿するための「書く準備」について
第2章では、文章が苦手な人が知っておきたい7つのコツについて
第3章では、共感を呼ぶ文章を書く11の極意について
第4章では、ソーシャルメディアならではの「心がけたいポイント」について
第5章では、ソーシャルメディアを学びに活かし、いいつながりをつくることについて
第6章では、書くことで専門力や視点が磨かれることについて

読み進めるごとに、文章力が身につくようになっています。

第1章ではソーシャルメディアで投稿するための「書く準備」についてコンパクトにまとめています。どんなツールでも言えることですが、最初に「なぜ使うのか」という目的を持っていると、ブレずに続けることができます。

第2章では、文章を書くのが苦手な人もすぐにマスターできるよう、最低限知っておきたい7つのコツに絞って説明しています。文章を書くこと自体に不安があれば、まずこの章から読んでください。

分かりやすい文章を書くことにすでに自信がある人は、第2章を飛ばして第3章から読んでもOKです。

学びながら人脈を増やし、いい関係を築きたい人は、第4章・第5章を入念に読んでください。

専門家として、読みやすい文章を書き、視点を磨きたい人は、第3章・第4章・第6章を特にチェックしてください。

全編を通して、つながりを育み、信頼を深める考え方をベースにしているので、基本的にはどこからでも読んでいただけます。

今後、社会では「書く」というコミュニケーションが、ますます重要になっていくことは明らかです。

会社で日報を書く人もいれば、お店でブログを書く人もいるでしょう。マスコミ向けにリリースを書く人もいるでしょう。文章を書く場面は、たくさんあります。

ソーシャルメディアのよいところは、コミュニケーションを取りながら、

「読む・書く」＋「考える」

という作業を日常的に行える点。日々を振り返りながら、思考整理や文章のスキルアップにつながるところです。

しかも、紙に書く自分だけの日記と違い、親しい人からの反応があるとうれしくもあり、励みにもなります。

最初から上手に書こうと身構えなくても、できることから始めていけばよいのです。むずかしく考える必要はありません。むしろ、ちょっとくだけたくらいの口調のほうが、親しみを感じてもらえて、ちょうどよいのです。

それよりも重視したいのは「伝わりやすい書き方」「誤解を受けにくい書き方」です。これを知っているだけで、ソーシャルメディア上でのコミュニケーションが、だいぶスムーズになるはずです。

そして、気軽な気持ちで書いてください。

発信する本人が楽しんで書くことは、ソーシャルメディアで文章を書くうえで、大前提です。

ソーシャルメディアが普及したことで、実際に私自身の交友関係も仕事の幅も、ずいぶん広がりました。会いたい人のほうから探してくれて、やって来てくれるようになりました。

フリーランスや小さな会社は、多大な広告費を投じることがむずかしい。せっかく無料でこのような素晴らしいツールが使えるのですから、活用しない手はありませんね。

ソーシャルメディアの可能性は、無限です。

どんな風に使うのも、自由です。

確かなことは、使えば使うほど分かることがあるし、活かせるということです。

使うにあたって文章に不安があるなら、あるいは文章を書くことで独自の視点を磨きたいと思うなら、本書をおそばに置いてください。

そして、一つずつでいいので、実践してください。

小さくても、自分だけのオリジナルなメディアです。どうぞ大切に育ててくださいね。

2018年3月

著者

この一冊で面白いほど人が集まるSNS文章術——目次

第1章

まずは、「自分ルール」を決めよう
——何を書けばいいか分からない人のための「書く準備」

第2章

この7つのコツをおさえるだけで、もっと「読まれる文章」になる！

――「分かりにくい文章」を大改造！

第3章

「いいね！」したくなるのは、上手な文章より共感される文章
——心に刺さる！ 言葉を選ぶ極意

第4章 ソーシャルメディアで気をつけたい意外な落とし穴

——誤解されない・トラブルにならない書き方を知っておこう

第5章

「学び」を進化させるSNS活用法

――情報交換・目標達成・人脈づくり…

第6章 ファンがつくSNSは、目のつけドコロが違う！
――独自の視点で情報の価値を高めるノウハウ

本文デザイン・ＤＴＰ　リクリデザインワークス

第1章

まずは、「自分ルール」を決めよう

——何を書けばいいか分からない人のための「書く準備」

1 目的に合ったソーシャルメディアを選ぼう

ソーシャルメディアとSNSの違い

念のためSNS（ソーシャルネットワーキングサービス）とソーシャルメディアの違いを記しておきます。

ウィキペディアには、こうあります。

「ソーシャルメディア（英語：Social media）とは、誰もが参加できる広範的な情報発信技術を用いて、社会的相互性を通じて広がっていくように設計されたメディアである。双方向のコミュニケーションができることが特長である」

平たく言えば、単方向で情報を届けるホームページやメルマガと違い、誰もが情報の送り手にも受け手にもなる、双方向の仕組みを持っているのがソーシャルメディアだということ。

その種類は、ブログやソーシャルブックマーク、ポッドキャスティング、画像や動画の共有サイト、動画配信サービス、ショッピングサイトのレビュー欄、そしてSNS……と広範囲にわたります。

SNSはあくまでソーシャルメディアの一部。フェイスブックやツイッターに代表されるように、各自が情報を発信し、それに対してコメントしたり、返事をしたりと、交流的な要素がより強いツールです。

もちろん、ブログのなかにも、コメントを通じて読者と発信者が活発に交流するSNSの要素が強いサービスはあります。が、大半はソーシャルメディアであって、SNSではありません。

目的を決めよう

「ソーシャルメディアで文章を書きたいけれど、何をどう書けばいいか分からない」

もしあなたがそう感じていたら、本書の内容が役に立つと思います。

そして、より有効に活用するためにも、

・なぜ、文章を書くのか？
・なぜ、ソーシャルメディアで書くのか？

あなたなりの目的をはっきりさせておきましょう。

たとえば、

・料理やコスメなどについてソーシャルメディアで情報収集をしたい
・ソーシャルメディアを備忘録的に使いたい
・意味はないけど、書きたいから書く

単にそれだけなら、文章を書くことを学ぶ必要はありません。自分が読んで分かればいい。ノートやメモ、スケジュール帳に書けばいいのです。

そうではなく、ソーシャルメディアに書くということは、そこに読み手がいるわけです。

誰に何を伝えたいか？　そのためにどうすればいいか？

このことを意識しながら書くことで、伝わる文章が書けるようになっていきます。

だからこそ、次のようにソーシャルメディアで文章を書く目的をはっきりさせておきましょう。

・見込み客と出会いたい
・学生時代の仲間とつながりたい
・趣味のサークルで仲間を見つけたい
・会社でSNS担当者になりそうなので、その前に慣れておきたい
・文章力を向上させたい
・カメラを買ったので写真を投稿して腕を磨きたい
・セカンドキャリアを磨きたい
・外国人の友達がほしい　など

目的に合わせてツールを選ぼう

最初から目的に合ったツールを選べば、スタートもスムーズ。次の表に、おおまかな特徴をまとめました。

たとえば、全くのプライベートで気軽に情報発信をしたい人にはツイッターが、写真の腕を磨きたい人にはインスタグラムが向いているでしょう。

本書は文章術が中心なので、写真投稿サイト、動画投稿サイト、レビュー投稿サイ

トには触れていませんが、職業によっても変わります。

文章よりも写真や動画が効果的なら、関連するソーシャルメディアを使うほうが早く効果が出るはず。まずは、目的にあったツールを集中的に使い、慣れることから始めましょう。

たとえば、こんな感じです。

「本名は明かさず、仲間内だけで気軽に本音をつぶやきたい」

↓　ツイッター

「お店を経営しているので、常連のお客様との交流を深めたい」

↓　ＬＩＮＥ＠

「習い始めたプリザーブドフラワーの作品を披露したい＋仲間と情報交換したい」

↓　フェイスブック＋投稿サイト

「会社勤めしながら専門家として週末起業中。起業に備えて人脈をつくっておきたい」

↓　ブログ＋フェイスブック

「イベントの集客に利用したい」

↓　ツイッター＋フェイスブック

日本で主に使われている ソーシャルメディア ＊文章中心につき、写真投稿サイト、動画投稿サイト、ランキングサイトなどは省く	
ブログ	文章（長文可）、写真、動画を掲載できる。年齢層は多彩。公開日時の指定・変更が可能なものが多い。長文でしっかり書ける。内容をカテゴリーで分けられる。読みたいブログを登録し合う。 ブログサービスによって特色も多彩なので、ふさわしいものを選んで。
フェイスブック	世界的にも国内でも、利用者数最多。「いいね！」と連動するなど独自のアルゴリズムで記事の掲載順序がやや上下する。企業や自治体の利用も多く、フェイスブックページがあれば、利用者の属性別に広告を打つことができる。 30代以上の利用者が多い。友達になるには承認が必要。フォローは自由。 実名投稿。グループやイベントをつくることもできる。
ツイッター	文字数制限あり。即時性と拡散性。時系列で表示される。リツイートと呼ばれるシェアの仕組みを持つ。10代、若者の利用者が多い。匿名（ハンドルネーム）可能、フォロー、リフォローが気軽にできる。
ＬＩＮＥ＠	プライベートで利用するＬＩＮＥとは別。常連客やファンとの距離を縮めるメッセージ(登録した人にだけ)、タイムラインで発信。クーポンの発行も可能。1対1のトークで交流できる。スマートフォン利用者に届く。

「お店の情報をリアルタイムに告知したいし、クーポンも発行したい」
↓　ＬＩＮＥ＠
「趣味の朗読を発表する場として使いながら、朗読教室も将来的に開きたい」
↓　動画投稿サイト＋フェイスブック
「スタイリストなので、スタイリングの提案をしたい」
↓　写真投稿サイト

同じ分野で目標としている人がいれば、その人の活用法も参考にしてみるといいでしょう。活躍している人は、発信も上手。効果的なツールを使って、知られるための努力を重ねているのです。

なお、ＳＮＳは交流のためのツールです。もし、仕事で使う場合にはＳＮＳ内だけで完結せず、必要に応じてブログやホームページ、ショッピングサイトなどに誘導できるように工夫しましょう。

表のほかにも新しいツールが日々生まれています。目新しいものをつい使いたくなってしまいますが、まずは目的に合ったツールを使いこなすところから始めましょう。

2 SNS疲れ対策に必要な「マイ・ガイドライン」

SNS疲れを起こさないために

「SNS疲れ」という言葉があります。

- せっせと投稿したのに、思ったより「いいね！」がつかない
- 周囲の人が皆充実しているように見えて、自分が情けなくなる
- キラキラしている友達を見ていると、乗り遅れたように感じる
- フェイスブック友達になれたと思ったのに、突然友達を外されて凹んだ……

ソーシャルメディアは確かに便利なコミュニケーションツールですが、その関係性に過度に左右されると、自分自身の立ち位置を見失ってしまうことになりかねません。

もちろん、周囲に迷惑をかける行為は慎むべき。

でも、基本的には、ビジネスでもプライベートでも自分が使いたいように、自分らしく、自由に使えばいいのです。

ビジネスに活かしたい場合は、更新頻度や、ツールの連携、ツールの使い方など、専門家の意見を参考にする必要はあるでしょう。

ただ、もしそれが、ＳＮＳ疲れを起こすほどに、自分本来のあり方とかけ離れた方法論だとしたら？　少しクールダウンして、自分なりの関わり方を再考してもいいのです。

そのためにも、自分らしく使うための自分なりの方針として「マイ・ガイドライン」を作ってみませんか？

すでにソーシャルメディアを使っている人は、今までのことを振り返りながら。

また、今から始める人や使って間もない人は、現状で考えられる範囲で。

使い込んでみないと分からない点は当然出てくるでしょう。でも、最初からガチガチに考えず、途中で「違うな」と感じたら、修正や加筆を行い、バージョンアップしていっていいのです。

各ツールについて、本書でこと細かな利用法を記すことはしませんが、**自分らしく発信するために自分なりのガイドラインを持つことは、とても大切。情報発信全体の基本的な姿勢に関わること**なので、あえて序盤でページを割きます。

どんな人とつながりたいか?

誰とつながるか。誰に読んでもらうか。

ソーシャルメディアでは、それによってコミュニケーションや情報の広がり方が変わってきます。

仮に、あなたが働く母親で、こんな投稿をしたとしましょう。

「仕事で遅くなり、延長保育。迎えに行ったら、息子が飛びついてきて愛おしかった」

それに対して、母親が働くことに理解のない男性から「働く母親が増えているけど、育児は母親の仕事。子育てが終わってから働くべき」というようなコメントが付いていたらどうでしょう。心からあなたのことを思ってのコメントなら話は別ですが、この場合は単に考え方の違う人に一言書きたいだけでしょう。書かれたほうはあまりいい気はしないですよね。討論が目的ではないのですから。

利用者のなかには、自分と違う意見を持つ人に対して否定的で、無用な波風を立てる石をしょっちゅう投げ入れる人がいます。

あなたがよほど討論好きでない限り、そんな好戦的な人とわざわざつながる必要はありませんよね。

かと思えば、底引き網を仕掛けるように友達リクエストを送る人もいます。

ソーシャルメディアは、自分が望めば、育った環境も言葉も全く異なる世界中の人とつながることができる素晴らしいツールです。

しかし、やみくもに人数だけを増やしても意味がありません。

先のように否定的なコメントをしてくる人や、タイムラインもろくに見ないでリクエストしてくる人もいるのです。なりすましも横行しています。

ツイッターのようにフォローしフォローされるのが一つの文化のようになっているツールなら気軽でいいのですが、フェイスブックの場合は少し慎重さが必要です。

友達リクエストをもらったら、その人のタイムラインを読むなどして、ある程度の人となりを見てから「つながるかどうか」判断しましょう。

会ったことのない人から友達リクエストが届いたら？

フェイスブックでは、いろんな人からリクエストがきますが、大きく分けると次の二通りです。

面識がある人、面識がない人。

面識がある人は、メッセージのあるなしに関係なく、安心して承認できます。たとえばその日何かの集いで会った。あるいは、今まさに目の前で「申請しますね～」と送ってもらった。そういう場合は、「あ、今日会った人だ」と分かるからです。

しかし、「面識があるかどうか分からない」。そんなケースも実はあります。

・見覚えのある名前で、アイコンが顔以外の画像

名前だけだと「もしかしたらあの人？」と思わないでもない。面識があるのかもしれない。でも、長年会っていなくて、アイコンも顔写真でなく花の画像。そんな人からだと、ちょっと悩みますよね。同姓同名の人からかもしれません。

・面識がない・共通の友達が多い・タイムラインを公開・アイコンが顔写真

面識がないけれど、タイムラインを公開している人。投稿をひんぱんにしている人なら、ある程度どんな人か判断できます。顔写真がアイコンになっていればさらに安心です。

・面識がない・共通の友達がいない・タイムラインは非公開・アイコンが犬の画像

面識がないのに、タイムラインも公開していないので、何を考えている人か、何をしている人かも分からない。顔写真もない……リクエストが届いても躊躇《ちゅうちょ》してしまいます。

以上のように考えれば、次の4つは承認するかどうかの判断基準になるでしょう。

・面識があるかないか
・共通の友達がいるかどうか
・タイムラインが公開か非公開か
・アイコンが顔写真かそうでないか

面識がなくても、共通の友達が多く、顔写真やタイムラインが公開されていれば、承認する率も承認される率も高まります。

特に、仕事をしていて、ソーシャルメディアをセルフメディアとして活用したいなら、タイムラインは公開し、顔写真も花やペットの画像などでないほうが信頼されやすいでしょう。

（＊信頼される人や活躍している人でも、あえて顔を出さずに似顔絵イラストにしている例はあります）

どう書く？　友達申請のメッセージ

友達としてその人の投稿を読みたい場合、フェイスブックでは友達リクエストを、ツイッターではフォローをします。ツイッターでは自動的にフォローできますが、フェイスブックでは相手が承認するようになっています。

どんな人とつながるか？
この承認基準は人によって違います。

「ビジネス利用なので、リクエストをもらったらほとんど承認する」という人もいれば、「モバイルの電話番号を知っているくらい親密な人とだけ」という人もいます。

承認されなかったとしても、落ち込まないようにしましょう。タイミングが合わなかった、縁がなかったというだけの話です。

友達としてつながりたい人と出会ったら、

「フェイスブックをしていますか？」と尋ねて申請するといいでしょう。

メッセージは必須ではありません。しかし、友達リクエストは、リアルの場面で言うなら名刺交換。名刺を無言で渡す人はいないように、メッセージが一言添えてあると安心してもらえます（ツイッターの場合には、気軽にフォローできる文化があるので、メッセージを添えることはさほどありません）。

（＊会ったその場でのリクエストや、顔を見てすぐ分かる人はメッセージなしでもOK）

実は私も、メッセージなしのリクエストを送ってきた人について、タイムラインの投稿だけで判断し、何人かつながってみたことがあります。しかし、結局有意義なコミュニケーションに発展させることはできませんでした。

「つながるだけつながって、後で整理すればいいよ」という考えの人もいるでしょう。けれど、私の場合は「友達を整理」という考えがなじまず、浅くつながるくらいなら最初からつながらないほうがマシ、と思うようになりました。

以来、**自己紹介の欄にも「メッセージを添えてください」**と書くようにしました。ただ、友達としてつながる前にメッセージを送っても、その人の設定によってはメッセージを読んでもらえていない場合もあります。それも考慮し、承認後すぐに「早速のご承認ありがとうございます」と送ります。それによって、最初のメッセージに気づいてもらいやすくなります。

この承認ポリシーは、仕事の仕方やライフスタイル、性格によっても変わってきます。あくまで私の考え方であり、あなたの考え方とは違うところがあるはずです。

自分で納得できる承認ポリシーを決めて対応し、更新していきましょう。

マイ・ガイドライン～前田の場合

【情報の発信】

●知らないものについて書かない

ブログを書いていると、いろいろなキャンペーンの応援をしてほしいという依頼が舞い込みます。それについても「知っているものや人」「ちゃんと読んだ本」についてだけ、紹介記事を書くようにします。

●嘘を書かない

ごく稀《まれ》に「投稿で紹介されていた本は本当におすすめなのですか？」という質問が届くことがあります。おすすめと書いてあればそれは事実。嘘は書きません。

会ったことのない人と友達になりたいときのメッセージ

Before　NG例

●友達になってください。
●よろしくお願いします。
●共通の友達がたくさんいるのでお願いします。
●写真が素敵ですね。
●ホームページを見ました。
●無言（リクエストのみでメッセージなし）

After OK例

●友達の友達として時々記事を拝読しています。ピンとくることが多いので、思い切ってリクエストします。よろしくお願いします。
●以前から友人経由でいつも○○さんのお話を伺っています。もしもつながっていただけたら光栄です。
●「Kさんの◇◇してみよう」のグループで、○○さんの投稿を読み、とても細やかな方だと感動しました。よかったら、つながっていただけませんか？
●いつもセンスのある写真に見とれています。文章にも共感することがしょっちゅうあるので、友達申請をお送りします。ご検討ください。
●自己紹介からホームページを拝見しました。メルマガも登録しています。先月号を読んで、私もプロフィールを変えてみました。＊別途、友達申請をお送りしています。

POINT

友達申請を送るときは「なぜ友達になりたいと思ったのか」「誰かの友達というつながりで、普段どう感じているのか」「どの点で共感したのか」「ブログやメルマガなど、相手の考えが分かるものを読んだことがあるのか」など、接点があると思ったポイントを別途メッセージで送るといい。

●めったやたらに「いいね！」しない

「いいね！」もひとつの情報発信。「前田さんが推しているなら、おすすめの情報なんだ」と思われるので、機械的で無責任な「いいね！」はしません。

●書けるときに書く

コンスタントに書けないときがあっても、無理をしません。家族の介護をしていたときは、長期にわたり投稿を休みました。久しぶりに投稿しても果たして迎え入れてもらえるだろうか？　不安はありましたが、大丈夫でした。ありがたかったです。

●リアルタイムでなくてもいい

出張や帰省のことはリアルタイムで書く必要はありません。特に、子どもだけで留守番をしているような場合は要注意。わざわざ「大人がいない」と知らせるようなものです。言葉のセキュリティに気をつけて。

●タグ付けしていいか聞く

他人をタグ付けするときは、相手の許可を得るようにしています。

●使わない言葉を決める

耳にして嫌な言葉。遠ざけたい言葉。不快な言葉。悲しい気持ちになる言葉。そんな言葉は、ソーシャルメディア上で書かないようにしています。

●敬語はシンプルに

過剰な敬語は媚《こ》びた感じがするので投稿では使いません。1対1のメッセージのやりとりでは、相手に合わせて対応します。

●知的所有権などに配慮

引用は必ず情報源を示します。

●メッセージのやりとりをタイムラインに書かない

ごく稀《まれ》に、メッセージの返事をタイムラインで書く人がいます。メッセージにはメッセージで返したいですね。

【情報の受信】

●全ての投稿を読もうと無理しない

その日会う人、打ち合わせをする人、用がありメッセージを送る必要がある人の投稿は、最優先で読みます。時間があるときに読む。そう決めるだけで、ずいぶん楽になります。

●相手のプライベートなことを勝手に書かない

特に、結婚や離婚、出産、就職、退職、子どもの名前などについて、相手が公開していないのに、勝手にコメントで公開しないようにしています。

●人と自分を比較しない

フェイスブックでは前向きな投稿が多く、自分が元気のないときは、比較して気持ちが沈んでしまうことがあります。そんなときは人と比較せず、昨日の自分と比較。「昨日より1ミリでも成長しよう」と思うようにします。

【イベント】

●参加しないことをわざわざイベントページでコメントしない

もし自分が主催者で、イベントページが「参加できません」で埋め尽くされたら？ 見ている人も「不参加ばかりだな。人気がないのかな」と思ってしまうでしょう。その逆で「もちろん参加します。楽しみです！」というコメントで賑わっていたら？ 期待が高まりますね。

●どうしても行けなくなったら

「行く」と事前に答えたのに事情があり行けなくなった……そんなときは、主催者へのメッセージでおわびします。主催者が盛り上げようとしているイベントページで「参加できなくなりました」と書き込むと、水を差してしまいます。

【リアルで会ったとき】

●服の話題は褒めるタイミングに気をつける

その人のタイムラインで見た服を、次にリアルで会ったときの話題にしないようにしています。「この間のお洋服、素敵でしたね」と、褒め言葉であったとしても、言われた相手は「服って見られているんだ。前回と同じ服は着られないな」と気になってしまうからです。

実際に会った際に、「今日の服、とても似合っていますね」とその場で、回を持ち越さずに褒めるのがいいですね。

ただし、パーソナルスタイリストや、職業柄コーディネイトを毎日紹介する目的で投稿している人の場合は別です。

【友達承認】

●タイムラインの内容

シェア情報オンリーの人、カバー画像の交換ばかりの人、妄想ばかりの内容の人、タイムラインが「リクエストありがとうございます」と他人からの投稿であふれている人などは、無理につながりません。その都度、タイムラインを見て判断します。

●アイコンが顔写真かどうか

アイコンが花やペットの画像で、投稿内容もよく意味が分からない内容の場合は承認しません（本人をすでに知っている場合は別です）。

ただし、ビジネス利用であっても、アイコンを顔写真でなく、似顔絵イラストなどで本人がバレないようにしている人もいます。その場合には、タイムラインの投稿を判断して、承認するかどうかを決めます。

●外国人の場合

仕事やプライベートでつながりがある場合には承認。私の場合はごくわずかです。

海外に進出したい人や、民泊やガイドなど仕事柄、海外の人に自分を知ってほしい人は必要に応じて承認すればいいでしょう。

3 プロフィールを書いてみよう

あなたは誰で何をする人？ 詳細情報に書こう

フェイスブックやツイッターには、自分のプロフィール画像の下に自己紹介を書く場所があります。

さらにフェイスブックでは、カバー画像の下に「基本データ」と書かれた場所があり、ここには自分の詳しいプロフィールを載せることができます。

タイムラインを「友達限定」にしていても、このデータは「公開」の人は多いかもしれません（プライバシー設定で検索されないようにすることもできます）。

新たな出会いを求めてソーシャルメディアを積極的に活用したい場合には、検索にはヒットするよう公開にしておいて、その中身について細かく設定していくといいでしょう。

この基本データの中の詳細情報には、自分のプロフィールを書くようにします。

つまり、**初めて出会った人に、あなたのことをどう説明すれば伝わるか？　客観的に書きます。**趣味でソーシャルメディアを活用したい人は、その趣味についても詳しく書くといいでしょう。

また**ビジネス利用している人は、このプロフィールをあなたが「つながりたい人」に向けて**書いてみましょう。

どんな言葉、キーワードで検索してほしいか。

これは、ブログやツイッターの自己紹介を書くときも同じです。

「○○さんといえば□□□」と一言で覚えてもらえるようなキーワードを織り込みながら、自分の言葉で表現してみましょう。

あなたにお願いした相手はどんな風に変わることができますか？

フェイスブックの詳細情報の欄には、

「自分が何者で、相手は自分に依頼するとどんな変化を手に入れることができるのか？」　そのことを書いておくと、仕事で出会った相手にも一目瞭然です。

ちなみに私は、こう書いています。

「伝えたい人に、伝えたいことを伝わるように」サポートするのが私の仕事です。

いい商品やサービスを持っているのに、今ひとつうまく表現できていないと考える人に見つけてもらいたいからです。

この1行で「前田さんに依頼すれば、自分の伝えたいことがより一層伝わるようになりそうだ」と理解してもらえます。

よく交流会などでも「使ってもらえば良さが分かります」と言う人がいます。

でも大切なのは、使ってもらうために知ってもらうこと。相手にとって「欲しい変化が手に入るかどうか」をしっかり伝えることなのです。

第2章

この7つのコツをおさえるだけで、もっと「読まれる文章」になる！

——「分かりにくい文章」を大改造！

1 ソーシャルメディアで読まれる文章とは？

読まれる文章は、分かりやすい文章

ソーシャルメディアで発信を続けたい場合、次の2つが大前提です。

発信する本人が楽しんで書くこと

↓楽しんで書くことが続ける秘訣です。

読む人に伝わるように書くこと

↓双方向性があるメディアなので、読者に伝わることが肝心です。小説のように文学的である必要もありません。

第2章では、間違いなく伝えること、分かりやすいことを中心に「読まれる文章」にするポイントを述べます。文章を書くこと自体に不安があれば、まずこの章から読んでください。

さて、ソーシャルメディアにおける「いい文章」とはどんな文章だと思いますか？

・思わずシェアしたくなる
・「いいね！」を押したくなる
・ついコメントしたくなる
・また読みたくなる
・長くても最後まで読んでしまう

それぞれの共感と、行動がありますね。どの行動も、文章を**読んだうえでのこと。**
つまり、**読んでもらったからこそ、行動につながる**という事実があります。

さらに、質問です。日頃あなたは、いつ、どんな風にソーシャルメディアの文章を読んでいますか？　１日の流れを思い出してください。

・電車で移動中のスキマの時間
・次の打ち合わせまでの短い時間

・職場での休憩時間
・朝食をとる間のながら時間
・育児中の細切れな時間

そうですね。パソコンだけでなく、スマホなどのモバイルツールを使ってインターネットを使う人が多い今、いつでもどこでも、短い時間を細切れに活用してソーシャルメディアをはじめとしたインターネットを楽しめるようになりました。

しかも、スマートフォンやモバイルの画面をどんどんスクロールしながら。

つまり、**同じ画面を見続けるということは、皆無に等しい**のです。

パッと見て、瞬間的に興味を持てる内容だと感じてもらわなければ、最後まで読んでもらいにくい。ソーシャルメディアに限らず、全てのメディアにおける宿命です。

だからこそ、パッと見て意味が通じる、分かりやすい文章にしたいですね。

では、分かりにくい文章とはどのようなものか？　改善点をあげます。

【分かりにくい文章と改善点】

伝える対象がぼやけている
↓ 伝えたい相手をはっきりさせて書く

漢字や専門用語、略語が多い
↓ 分かりやすい言葉に言い換えたり、注釈をつけたりする

伝えたいことが整理されていないので、意味が通じない
↓ 一文一義。1記事1テーマで書く。箇条書きも使う

論旨が通っていない
↓ 接続詞を使って論旨を通す

意味が複数に読み取れて、混乱する
↓ 意味が通じるように整える

誤解を避ける
↓ 混乱を避けて「分かる化」する

見た目に読みにくい
↓ 改行したり、段落を空けたりして、見た目をスッキリさせる

2 「万人受け」を狙わず「伝えたい人」に向けて書く

最初から100点を目指さない

「よし、いい文章を書いて友達を感心させよう」

「デキる人という印象を与えて、ガンガン仕事が舞い込むようにがんばろう」

意気込みは分かりますが、力みすぎも禁物。最初から100点満点の文章を目指しても、息切れしてしまいます。

ソーシャルメディアでの発信は、短距離走ではなく、長距離走。無理せず、できる範囲で続けることが大切です。

そのためにもまず60点でもいいので書いてみましょう。

気軽に、気負わずに文字をつづることが、結果として継続につながります。

文字を石に刻もうというわけではありません。印刷するわけでもありません。後で加筆修正が利くソーシャルメディアで書くのです。

どうしても100点に近づけたい人は、まずは、60点の文章でいいので、書いてみてください。後から、10点でも20点でも足していけばいい、と気楽に考えましょう。

読者を想定すれば書きたいことが見えてくる

ソーシャルメディアがきっかけで、隣のお兄さんがある日世界的有名人になる可能性がゼロではない時代。

とはいえ「世界中にメッセージを発信しよう」と意気込んでも、何から書けばいいか漠然として、テーマが定まりませんね。

そこで、まずは目の前にいる最初の読者に向けて書いてみましょう。

一番伝えたい相手、理想の読者は誰でしょうか？

「サークル限定で書いてみよう」と決めた人は、サークル仲間がメインの読者ですね。ビジネス活用したい人は、理想とする顧客を想定して、その人に向けて書いてください。

プライベート、ビジネス両方でも書いている人も、「価値観が近い人」という風に、**自分なりの読者をイメージ**しましょう。

その人が知りたいことは何でしょうか？

どんな話題なら興味を持ってくれそうでしょうか？

何か悩んでいることに対して、もしあなたが答えを持っていたら、それを書いてもいいですね。きっと感謝されるに違いありません。


仮に、あなたが婚活コーチという肩書きを名乗っている婚活の専門家だとしましょう。

朝の芸能ニュースで、あなたも大好きな俳優の電撃結婚という情報が飛び込んできました。一般のファンなら「ショック！　しばらく○○ロスから立ち直れない」と、一言で済ませるかもしれません。が、婚活コーチというメガネをかけてニュースを見ているあなたには、別の視点があるはずです。

プロポーズの言葉を分析？　婚約指輪のトレンドを解説？　専門家的な角度からどんなことを書けるだろうかと、自然に考えてしまうでしょう。

ここで、たくさんの「いいね！」を集めようと不特定多数に向けて一般的なことを書いても素通りされるだけ。

読者は何を知りたいか。何を悩んでいるか。読者が読みたい内容を、あなたというフィルターを通して書いてみましょう。

あなただから気づいたこと、あなただから感じたこと。それを素直に書いてみましょう。

万人に受ける必要はありません。伝えたい人に向けて書き出せばいいのです。

読者に向けて書く内容とは

読者が
悩んでいることを
解決できる
答え・ヒント

読者が
うれしくなる
エピソードや提案

読者の好奇心を
かきたてる情報
…など

読者が
「知らなかった！」
と思うような
ニュース

3 「むずかしい言葉」は「やさしい言葉」に変換

むずかしい漢字や専門用語は多用しない

ソーシャルメディアでは、論文を書くわけではありません。いかにも専門家らしい専門語やカタカナ言葉を使って、権威やキャリアを示そうとするのは、逆効果です。専門家として書く場合には、一般の人も分かるようになるべく易しい言葉で書くようにしましょう。

カタカナ言葉↓　分かりやすい言葉に
専門用語↓　解説を加える
漢字の多用↓　一部をひらがなに

以上のように変えるだけでも、ずいぶん柔らかい印象になります。

Before NG例

「誰もが自分の個性を発揮できる未来を」。そんなSさんのフィロソフィーにシンパシーを覚えて、この空間に来ました。

エントランスのウェルカムボードに早くも高揚感があります。

ワークショップでは、そこに集う人たちそれぞれのイマジネーションを明文化。その文書をペーパーに出力して共有。知の共有というムーブメントが凝縮されたハイブリッドな時間でした。

After OK例

「誰もが自分の個性を発揮できる未来を」。そんなSさんの哲学に共感を覚えて、この空間に来ました。入り口のウェルカムボードに早くもワクワク感が高まります。

ワークショップでは、そこに集ったみんなの想像力が明文化され、その文書を、その場でプリントし、共有することができました。

知の共有という新たな動きがギュッと詰まった時間でした。

POINT

ウェルカムボード、ワークショップなど、すでに定着した印象のある言葉は、カタカナのままにしました。

とはいえ、日頃からカタカナまじりの会話をする人が、最初から変換しながら書くと、どうしてもリズムが悪くなってしまうことがあります。

それが懸念される場合は、いったん好きなように書いたうえで変換することです。

「この言葉は社会的にまだ認知度が低いかもしれない」

そう感じる箇所を、後から言い換えるようにするのです。

自分のリズムで書き上げた後に修正するので、流れが悪くなることを抑えられます。

こう書くと、すべてのカタカナを言い換えなければと思うかもしれませんが、あくまで分かりやすくするための一つの方法です。

定着しているカタカナまで無理に言い換える必要はありません。想定する読者層によっては、カタカナのほうが分かりやすい場合もあるでしょう。あなたのキャラクターにもよるでしょう。

言葉の好みや選び方は、その人の書く文章の文脈になり、一つの空気感をつくり上げます。

「分かりやすさ」を念頭に置きつつ、「自分らしさ」も少しずつ意識しましょう。

堅い表現をくだけた表現に

手紙やビジネス文書などで使うのが「書き言葉」、会話や電話で使うのが「話し言葉」。一般的に、話し言葉のほうが書き言葉よりカジュアルな印象です。

ビジネスメールは書き言葉中心ですが、メッセージやＬＩＮＥ＠なら話し言葉が増えるでしょう。

ブログは内容によって分かれるところですが、ＳＮＳでは書き言葉オンリーだと少し堅苦しく感じられます。むしろ、ある程度話すように書くほうが、「とっつきやすい」と受け入れられやすくなります。

それでは、「話すように書く」文章とはどんなものでしょうか？

次頁「堅い表現・くだけた表現」の例のように、一文字の違いでも受ける印象が結構違うものですね。

国語の教科書的文法で判断すると、

「なのですけれど」

「思うのです」

が正しい表現の仕方です。

しかし、人は言いやすいように話すもの。

いくら文法的に正しくても実際の会話ではほとんど聞きません。

「なんですけど」

「思うんです」

と書くほうがＳＮＳでは自然です。

また、ビジネスメールであれば、

「大変感動しました」

と書くところをＳＮＳでは、

「めちゃ感動しました」

と投稿しても違和感はありません。

堅い表現・くだけた表現

●堅い表現
「その件なのですが、やはり直接お届けしたいのです」

↓

●くだけた表現
「その件なんですが、やっぱり直接お届けしたいんです」

4 一文一義！ポイントを絞ってすっきりさせよう

一文一義で短くすっきり

パッと見て、瞬間的に興味を持てる内容だと感じてもらわなければ、最後まですんなり読んではもらえないと先述しました。

次ページの例文のように、一つの文章に二つ以上の意味が含まれていると、大変読みづらくなります。この長い一文を、複数の文章に分けてみましょう。短い時間でも、小さな画面でも、ぱっと見て意味が通じる文章にするのです。

キーワードは「一文一義」。一つの文に一つの意味を持たせることを心がけましょう。

一文一義にすることで、文章自体もすっきりと分かりやすくなり、出来事の時系列や因果関係、「結局どうなったか」という点も伝わりやすくなります。

Before NG例

この夏、ドイツから友人が帰国することになり、彼はとても紅茶が好きなので、あるカフェを予約しましたが、そこは、紅茶の美味しいカフェで、オーダーの際にリーフを持ってきてくれて、好きな香りを選ぶことができるのです。オーナーは、イギリスに７年間暮した経験があり、本格的な紅茶を淹れてくれるので、今からとても楽しみにしています。

After OK例

この夏、ドイツから友人が帰国することになりました。彼は紅茶が大好き。
そこで、予約したのが、紅茶の美味しいあるカフェです。
オーダーの際にリーフを持ってきてくれて、好きな香りを選ぶことができるんですよ。
イギリスに７年間暮した経験のあるオーナーが、本格的な紅茶を淹れてくれます。
今からとても楽しみ！

POINT

- **長すぎる文は、複数の文に分ける。文章の長さにも変化をつけて、工夫する。**
- **分ける際にも、体言止めにしたり、文末を変えたりして、単調にならないよう、リズムを整える。**
- **必要であれば、感嘆符をつけて、スピード感を出してもよい。**

「一投稿一趣旨」で読者の負担を減らす

ソーシャルメディアの文章は、小説や手紙とは違います。

小説では、長い物語のなかで、起伏をつけ、いくつもの要素を絡ませながら書きますよね。ときに伏線も張り、わざと複雑な部分をつくることがあります。ちょっと複雑で、考え込ませるような表現も、それはそれで魅力的な場合があります。

また、手紙では、長らく近況を知らせていない友達に対して、あれもこれもと伝えたいことがいっぱいあるものです。盛りだくさんな内容を読めるのも、親密な間柄では、楽しいでしょう。

しかし、**ソーシャルメディアは、基本的に「その日そのとき見たこと、感じたこと、伝えたいこと」をタイムリーにつづるメディア。パッと見て分かるようにするには「一記事（投稿）一趣旨」がおすすめ**です。

たとえば、フェイスブックで次の例文ビフォーのような投稿を読んだら、あなたはどういう風にコメントしますか。

前半は、ケガの様子も分からず、「わあ、大変だね。大丈夫？」とコメントしたくなるような内容です。後半は「よかったね、おめでとう」と書きたくなります。どっちについて書けばいいでしょうか。「午前は大変だったけど、午後はよかったね」というのも変な話です。

ひとつの記事に欲張っていろんな内容を入れようとすると、どうしても読む側が消化不良になってしまいます。たとえ、意味が分かっても、コメントをどう書こうかと悩んでしまうわけです。

この場合は、投稿する側が、午前と午後の2つに分けて書くと、読む側も混乱しません。

アフターの文章だとコメントをするのに悩まずにすみます。

また、ひとつの記事を複数に分けると、各記事の長さは当然短くなります。読んでみて、もしも内容が軽くなったように感じる場合は、掘り下げてみるのもいいですね。

Before　NG例

仕事をしていたら、午前中、自宅から電話。義母が足を滑らせて階段から落ちたとの連絡がありました。そして午後。わが社のフェイスブックページを見た新聞社さんより、ソーシャルメディア活用について取材したいとの連絡がありました。がんばって更新してくれた担当者のおかげです。

After　OK例

（午前の投稿）自宅から電話。義母が足を滑らせて階段から落ちたとの連絡。日頃から注意深い母なのでいつも手すりを持って降りるようにしているのですが、たまたま両手に荷物を持っていたらしく……大丈夫かなあ。気が気でなりません。昼休みに一度帰ってみます。

（午後の投稿）我が社のフェイスブックページを見た新聞社さんより取材したいとの連絡がありました。テーマは、ソーシャルメディア活用とのこと。最近では本まで買って勉強していたようで…がんばって更新してくれた担当者のおかげです。

POINT　**フェイスブックやブログ、ツイッターなどでは、一記事（投稿）一趣旨が読みやすい。**

5 混乱を避け「分かる化」しよう

文意のねじれを直す方法

一般的に、主語と述語の距離が遠ければ遠いほど、混乱しやすくなります。主語と述語は、なるべく近くに置きましょう。

例文は「あるラーメン評論家のブログは、○○○○と指摘している」という一文です。長文であるのに加え、「○○○○」の中に、「一見さん」「ファン」という言葉があることが文意をねじれさせています。

ブログもお店同様、訪問されるものであり、「一見さん」「ファン」がいます。だからよけいに、読者が混乱してしまうのですね。

例文アフターのように、主語と述語を直結すると間違いがありません。

同様の形で、次のようなものが考えられます。

Aは、〇〇〇〇と指摘している。
Aは、〇〇〇〇と考えている。
Aは、〇〇〇〇と思った。

Before　NG例

あるラーメン評論家のブログは、全国でラーメン屋が次々に開業し、オープン当初は行列もできるが、一見さんが定着せず、ファンが増えなければ、４割の店が一年以内に閉店に追い込まれ、生き残り競争が厳しいと指摘している。

After　OK例

あるラーメン評論家のブログは、次のように指摘している。
「全国でラーメン屋が次々に開業している。オープン当初は行列もできるが、なかなか一見さんが常連客として定着しない。常連客が増えなければ、４割の店が一年以内に閉店に追い込まれてしまう。生き残り競争が厳しい世界だ」

POINT　**主語と述語を近くに配置する。**

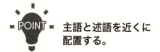

以上の表現では、Aが主語で、傍線部が述語です。

例文では、「〇〇〇〇」が長すぎて分かりにくいですね。この問題はいずれも、例文同様Aと述語を近づけ、内容を分けることで解決できます。

Aは、次のように指摘している。「〇〇〇〇」

Aは、こう考えている。「〇〇〇〇」

Aは、思った。「〇〇〇〇」と。

6 つないで省く「接続詞」で文章を交通整理

接続詞は、文章のベクトル

接続詞は、何のために使うのでしょうか。その役割を実感できるような問題を後のページにあげました。

ちょっと考えてみてください。

例文と内容は違っても、誰でも何らかの文章が浮かぶでしょう。

「1は『だから』とあるから、りんごが赤いことから生じることを考えればいいんだな。2は『しかし』とあるから、りんごがもしも白かったり、黒かったりした場合のことを想像してみようかな」と思いますよね。

このように、**接続詞はその後に続く文章の方向性を決めるもの**です。文と文を意味なくつなぐのではなく、論理の流れを決めるベクトルの役目を果たします。

接続詞は、読者に理解してもらうために使うものでもありますが、それ以前に書き手が発想するためにも存在しているわけです。

たとえば、打合せで相手の言うことを理解してまとめようとするとき、「つまり」「要するに」という接続詞が浮かびますよね。

また、打合せの際にアイデアを思いついたときは「そういえば」、補足したいときは「ちなみに」という接続詞が、脳裏に浮かびます。それによって、話のベクトルが決まり、思考の交通整理ができるのです。

「接続詞」で論旨を磨く

接続詞がつなぐのは、文と文、段落と段落です。

それぞれの前後がどんな関係にあるかを後のページの表で、役割ごとに分類してみました。繰り返しを避ける意味でも、同じ役割の接続詞を覚えておくと重宝します。

「だから〜。だから〜」と重ねるよりも、「だから〜。それで〜」と続けるほうが、文章に変化がつきます。

とはいえ、すべての文を一文一文接続詞でつなぐと、くどい文章に仕上がります。正しく意味がつながってさえいれば、接続詞を省いても不自然ではありません。

投稿する前に「この接続詞は省けないか」と見直しましょう。省いても意味が通じるところは、削除していけばすっきりして、リズムもよくなります。

接続詞でつないで、省く。この「省く作業」で、最終的に文章が引き締まります。

接続詞で文章を磨くことができるゆえんです。

接続詞の問題

１と２、それぞれ最後の接続詞に続く文章を発想してみましょう。

問題

1. りんごは赤い。だから、……
2. りんごは赤い。しかし、……

答えの例

1. りんごは赤い。だからりんごは魅力的で、白雪姫もつい毒りんごを食べてしまった。
りんごは赤い。だから、りんごウサギはお弁当の中身として名脇役になれた。

2. りんごは赤い。しかし、もしりんごが黒ければ、白雪姫は毒りんごを食べなかったかもしれない。
りんごは赤い。しかし、もしりんごが白ければ、お弁当の名脇役りんごウサギは生まれていないだろう。

接続詞の種類	
順列・因果	「だから」「それで」「ゆえに」「それゆえ」「そこで」「すると」「したがって」「よって」
逆説	「が」「だが」「しかし」「けれど」「けれども」「でも」「だけど」「だけれども」「ところが」「とはいえ」「それでも」「それなのに」「しかしながら」「だって」「なのに」「ですが」
並列	「かつ」「および」「並びに」
理由説明	「なぜなら」
換言要約	「つまり」「要するに」「すなわち」
例示	「たとえば」「言わば」
補足	「ただし」「もっとも」「ちなみに」
対比	「または」「あるいは」「それとも」「ないしは」「かつ」「もしくは」
選択	「そのかわり」「むしろ」「いっぽう」
転換	「さて」「ところで」「では」「それでは」「次に」「ときに」「そもそも」

7 重複を避けると「大人文」になる

稚拙な文章にならないために

「あのね、あのね、ナギサちゃんね、今度自転車を買ってもらうの。それでね、自転車に乗ってね、ママと一緒に走るの。自転車はね、いろんなところに行けるし、早いしね。自転車、かっこいいよ」

小さな子どもが同じ言葉を繰り返しているのを聞くと「うん、うん」と目線を合わせて聞いてあげたくなりますね。

しかし、大人がフェイスブックで次のビフォー①のような投稿をしたら、どうでしょう。頭を撫でてあげたいような気持ちになりはしませんか？　最初の子どものせりふと、大差のない表現だからです。

話し言葉は、発したそばから消えていくのであまり意識されませんが、大人でも大なり小なりこうした傾向はあるものです。わざと誇張していることもあって、明らかに子どもっぽい文章に感じられますね。

必要以上に神経質になることはありませんが、隣接した文と文で何度も同じ言葉を使うと、どうしても子どもじみた印象を受けます。

つまり、言葉の重複を避けるだけでも、文章はぐんとレベルアップし、「大人文」になるというわけです。

重複を避けると表現の幅が広がる

重複させないように気をつける。すると、代用できるほかの言葉を探すことにつながり、語彙が増えます。語彙力がつくと、表現の幅が広がります。

すると、書くのがどんどん楽しくなります。借り物ではない自分の言葉を使って、自分らしい文章が書けるようになります。

いいことずくめではありませんか?

私自身、書くことが仕事の一つではありますが、まだまだ語彙が少ないと実感しています。そこで活用しているのが、「類語辞典」やネット上の類語検索サイトです。

Before ① NG例

私ね、今料理教室で料理を習ってるんです。料理教室って面白いですよ。男性も意外と料理教室に来られてますよ。親子で料理教室に来る方もおられますよ。料理教室で料理を習って、料理の腕を上げて妻をびっくりさせるつもりです。

After ① OK例

私ね、今料理教室で料理を習ってるんです。面白いですよ。男性も意外と来られてますよ。親子で学ぶ方もおられますよ。料理の腕を上げて、妻をびっくりさせるつもりです。

POINT

「料理教室」「料理を習って」が重複。最初の「料理教室」だけを残して、他は削除。２つめの「料理を習って」も削除。「料理の腕を」に変更。また、２度目の「来る」を「学ぶ」に変更。なお、国語的には波線部の部分は「習っているのです」「来られていますよ」が正しいが、話し言葉風に書くことにして、あえてそのままに。

だから、重複を発見したらチャンス。手間はかかりますが「同じ意味を持つ、別の言葉」を探してみてください。

類語を使って重複を避け、ニュアンスを増す

類語とは「語形は異なるが意味は互いによく似ており、場合によっては代替が可能となる2つ以上の語」のことです。

全てを代替できるわけではありませんが、その都度眺めていると、自然に自分の語彙が増えていきます。

たとえば、類語辞典で「優雅」を引いてみると次のような類語が見つかります。

【「優雅」の類語】

品／上品／品格／気品／気位／気高い／エレガント／優艶／閑雅／温雅／典雅／床しい／奥床しい／雅／雅やか

次のビフォー②の文章も類語辞典で調べた言葉を使えば、アフター②のように言い換えられます。ビフォーの例よりも、少しニュアンスが深まった感じがしますね。

さらに、3つめの「気品」は、「品格」に置き換えたほうが、しっくりきます。雰囲気に流されず、内面から出てくる意志と主体性を感じさせます。

代名詞や接続詞を使って重複を避ける

繰り返しを避けるには、代名詞（名詞または名詞句の代わりに用いられる語のこと）を使うのも方法です。先にあげたビフォー①を直してみましょう。まず、「料理教室」は「そこ」に変えられます。

加えて、接続詞を使うと、「料理教室で料理を習って」の部分は接続詞「そ

Before ②　NG例

とても気品を感じさせる女性に出会いました。本物の気品を備えた人とは、ああいう人を言うのでしょう。わたしも気品のある振る舞いをしたいと思いました。

After ②　OK例

とても気品を感じさせる女性に出会いました。本物のエレガンスを備えた人とは、ああいう人を言うのでしょう。わたしも品格のある振る舞いをしたいと思いました。

れで」に置き換えられます。「それで」は、前の文と次の文を「順接」を示す役割があるので、自然な流れに整えられます。

つまり、次のように修正できます。

「私ね、今料理教室で料理を習ってるんです。面白いですよ。男性も意外とそこに来られてますよ。親子で学ぶ方もおられますよ。それで、料理の腕を上げて、妻をびっくりさせるつもりです」

ただし、あまり意識して、繰り返し言葉を削除しすぎても、文意がつながらなくなります。使う箇所が離れていれば、多少はかまいません。

また、SEO（Search Engine Optimization／検索エンジン最適化）の観点から、検索キーワードを意識して書いている場合は、事情が変わってくることもあります。ブログやフェイスブックページをビジネスで活用している人は、専門書や専門サイトの情報も合わせて参考にしてください。

第3章

「いいね!」したくなるのは、上手な文章より共感される文章

——心に刺さる! 言葉を選ぶ極意

1 基本のリズムを使って次を読ませる

読み・読まれる「双方向性」で共感が広がる

前章では、文章を書くことの不安をなくしてもらうために、「読まれる文章」を書くコツを示しました。

分かりやすさは「読まれる文章」の鍵です。まず読んでもらって、正しく伝える「読まれる文章」になったら、書くことへの不安は消えるでしょう。

次のステップは「共感される文章」です。

本章では、表現を工夫して、共感される文章に近づけていきましょう。

ソーシャルメディアのすごいところは、誰もが読者にも発信者にもなり、共感をやりとりできる点です。

読み、読まれる。

発信し、コメントする。

双方向性があるので、共感を呼びやすい。

「分かりやすい↓ 伝わりやすい↓ 共感される」

そんな流れをつくることができれば楽しいですね。

心地よいリズムを大事にしよう

読んでいて心地よいと感じる文章には、リズムがあります。

私のブログやフェイスブックの読者さんからいただく感想のなかに「前田さんの文章は詩のようだ」というものがあります。正直、決して文学的素養があるわけではありません。

それでもそう言ってもらえるのは、最低限の文法やリズムを気にかけていることが大きいと思います。

文法は、表現を縛るためのものではありません。分かりやすく読みやすい文章を書くためのものです。配慮されていると、すいすい読める。読み手の頭の中にも、自然にリズムが刻まれます。リズムがあると、次に進めます。映像も浮かびやすくなるのです。

心地よいリズムで書く基本に、

- **「～たり、～たり」の用法**
- **「の」の重複を避ける**
- **文末を適度に変える**

の3つがあります。順に説明しましょう。

●「～たり、～たり」の用法

「文章にリズムを作る　1」の例を読んでみてください。

「～たり」を使って文を並べる場合、「～たり、～たり」と繰り返すようにします。

口に出して読むと、アフターのほうが心地よいリズムだと分かりますね。

常識だと思うでしょうね。

ところが、長文になると意外と気づかないものです。

「今日は朝からラジオのFM放送で音楽を聴いたり、子どもの頃しょっちゅう使って

いた懐かしいピアノを弾くなどして楽しみました」

どうでしょう？「〜たり」が紛れていても、あまり気にならないのではありませんか？

それでもやはり、次のようにするほうがスラスラと読めます。

「今日は朝からラジオのＦＭ放送で音楽を聴いたり、子どもの頃しょっちゅう使っていた懐かしいピアノを弾いたりして楽しみました」

【文章にリズムを作る　1】

Before　NG例

●今日は朝から音楽を聴いたり、ピアノを弾くなどして楽しみました。

After　OK例

●今日は朝から音楽を聴いたり、ピアノを弾いたりして楽しみました。

POINT　**並列の文章で最初に「〜たり」が出てきたら、後も繰り返す。**

●「の」の重複を避ける

「文章にリズムを作る　2」はどうでしょう？「の」が4回も続いています。まだるっこしい印象ですね。

こんな場合は、2つの文に分けて「の」が重複しないようにすると、スッキリします。

また、2つめの「の」と「表」を削り、「本日のイベントのスケジュール表」を「本日のイベントスケジュール」とすると、さらに軽快です。

●「文末」を適度に変える

「～です。～です」「～ました。

【文章にリズムを作る　2】

Before　NG例

●本日のイベントのスケジュール表の一番上のところをご覧ください。

After　OK例

●本日のイベントスケジュールです。一番上をご覧ください。

POINT　**文章を2つに分けて「の」を極力削る。「表」も不要。「のところ」は無駄なので削除。**

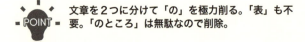

〜ました」と、同じ語尾が何度も続くと、単調なリズムになってしまいます。

体言止めを使ったり、一文の長さに変化をつけたりして、単調になるのを防ぎましょう。

体言止めできっぱり終わると、読み手も息つぎができ、文章にもメリハリがつきます。

下の例文でアフターを見てください。こうすると、朝は集中して読書した感じが出ます。

【文章にリズムを作る　3】

Before　NG例

●朝から本を読みました。そのあとは洗濯をしました。料理もしました。

After　OK例

●朝は読書。その後は洗濯、料理とがんばりました。

POINT

「です」「ます」など文末に気をつければ、一定のリズムが生まれる。大事なことは「無意識の重複や繰り返し」を避けるということ。考えながら、言葉をつづるということ。意識的に重ねる場合は、その意図も読み手に伝わる。

そして、後の洗濯、自炊と一文のなかで畳み掛けました。すると、一気に家事を片付けた様子が浮かんできます。自然と「がんばりました」とつづってしまうでしょう。見える景色が、ちょっと変わりますね。

もちろん、同じ語尾が連続することが、必ずしも悪いわけではありません。

「あ～、眠たい。何か、食べたい。お風呂も入りたい」

したいことを「たい」で重ねて、リズムを作るのも一つの方法ではあります。これは同じ文末を繰り返していますが、一文をコンパクトにすることで「したいこと」を矢継ぎ早に言うような印象になり、スピードが感じられます。インパクトを与えたいときに、使うといい方法です。

ただし、例外的な方法なので、多用すると冗長な印象になります。注意しましょう。

大事なことは「無意識の重複や繰り返し」を避けるということ。意識しながら、言葉をつづるということ。意識的に重ねる場合は、かまいません。

文法は、あくまで読者に自然に、心地よく読んでもらうためのものなのですから。

一文は30〜60文字を中心に長短織り交ぜて

よく文章本などで、一文の流さは、50文字までということが言われます。どうしても超えてはいけないということではありません。30文字から50文字程度を中心にして、短文や長文、いろいろあっていいのです。

誤解を恐れずに言えば、１００文字続けても読みやすく、意味が通るなら、論理の筋道がしっかりしていると言えます。ただ、それにはよほど注意深く書き進める必要があるだけでなく、読む側にも相応の理解力を要求します。

しかし、パッと見て意味を読み取ってもらいたいのが、ソーシャルメディア。30文字から50文字を目安とするのは、そのためです。

文の長さ以上に、大切にしたいのがリズム。文末の表現を変えたり、体言止めがあったりと、単調にならないような工夫をしましょう。**口に出して読み、耳から聞くことも心がけましょう。**

声に出して読んでみることで、視覚・聴覚両方から同時に情報が入りますね。これが、とてもいいのです。生き生きとしたリズムを体感し、書けるようになります。

2 修飾語より比喩を使う

修飾語を減らして比喩を使おう

情景を描写するには、修飾語を使えば簡単です。美しい花、涼しい風、おいしい料理、大きな湖……。そのものズバリで分かりやすいですね。ツイッターやフェイスブック、あるいはLINE@などで、直接「今」を伝えるには、誤解がなくていいでしょう。**ツイッターやフェイスブックは、情報が時間の経過とともに流れていく、フロー型のメディア**だからです。

いっぽう、**ブログ**やホームページは、**ストック型のメディア**です。蓄積（ストック）された情報は、いわばあなたの資産。

読者がそこで共感し、情報を共有し、それを見た読者がまた共有し……とブックマークされることが増えれば、あなたのブログにはファンがつきます。

ファンがつくと、そこからはさらに運営が面白くなるでしょう。

伝えたいことを伝えたい人に伝わるようにする。その本当の面白さが、雪だるまのようにふくらんでいきます。


そこで、あなたが旅ブログを書いているとして、冒頭の表現をもう一度、読んでみてください。

読者は、毎回そんな描写ばかりで引き込まれるでしょうか。

「美しい」と書かずに美しさが、涼しいと言わずに涼しさが表現されていれば、読む側には映像が広がります。

これが単なる報告書なら、そこまでの努力は要りません。

また、ブログであっても、目的を持たないただの備忘録なら、いいとしましょう。

けれど、もしも本来のストック型メディアとしての価値を高めたいなら、心が伝わる文章を書きたいと考えるなら、ちょっとチャレンジしてみませんか。

毎回でなくていいのです。

余裕のある日に、あるいは3度に1度くらいでも。

また、実際書く時間に考えるよりも、何もしていないときのほうが、いろいろ湧いてくるかもしれません。電車の中で景色や乗客をさりげなく観察しながら、トレーニングしてもいいですね。

がんばって考えた分だけ、読者に喜んでもらえたら、書いた甲斐があるというもの。

比喩には「直喩」と「隠喩」がある

綿菓子みたいな雲、滝のような雨。

「～みたいな」

「～のように」

「まるで～みたいだ」

と、比喩であることがすぐに分かるものを直喩と呼びます。

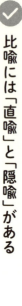

空にふぅわり綿菓子が浮かんでる。
空から、どっと滝が降ってきた。

このように、比喩であることを示す言葉がないものを隠喩と呼びます。

下の例では粒の大きさだけでなく、量と勢いをメダルゲームにたとえてみました。

Before　NG例

ザァーッ。突然空からものすごい音を立てて、
大きな雨粒が落ちてきた。

After　OK例

ザァー。空の上で神様がメダルゲームでも始めたのか？
いきなり大きな雨粒に襲われた。

POINT

**雨粒の大きさはよく、10円玉みたいにと古くから硬貨にたとえられます。
粒の大きさだけでなく、量と勢いをメダルゲームにたとえてみました。**

3 おいしい文章は「材料」で決まる

食材を選ぶように言葉を吟味しよう

友人のツイッターで、

「なんだか、物さびしい。秋だね」

と一言書かれていたら、どう思いますか？

リプライ（返信）で「どうしたの？ 何かあったの？」と送ってしまいそうです。

その友人が、さびしくて、誰かにかまってほしくて書いたのなら、それで成功です。

単に「秋が来た」ことを伝えたかったのではなく、さびしくて、ちょっと誰かとやりとりしたかったのでしょう。


でも、そうではなく、本当に秋のさびしさを表現したかっただけだとしたら？

効果的な方法があります。

「静か」「さびしい」という言葉ではなく、「具体的なもの・こと・音」を並べるのです。

アフター①や③のように「音」を使うのは効果的です。

「物音ひとつしない」と書くより、響いた音に焦点を当てるほうが、静寂が強調されます。

また、アフター②で夏

Before　NG例
なんだか、物さびしい。秋だね。

↓

After ①　OK例
落ち葉が、ぱさり。

After ②　OK例
夏がいきますね。お祭りでもらったウチワをゴミ箱に捨てました。

After ③　OK例
リリリリ……。
日暮れが早くなりましたね。
どこからともなく虫の声。

POINT
「秋はさびしい」と言わずに「秋のさびしさ」を表現してみる。目を閉じて、具体的な「物・こと・音」を思い浮かべる。

の道具を片づける「夏終い」にも、そこはかとない寂寥感がありますね。

連想ゲームをしてみよう

ジメジメして嫌な梅雨。

ムシムシして苦手な夏。

そう思えば思うほど、嫌で苦手になってしまいます。

私は、春夏秋冬、ぜ〜んぶ好きです。どの季節にも、素敵な言葉があり、楽しみがあるからです。

そこで、季節の連想ゲームをしてみませんか？

ただ連想するのでなく、心地よいものや言葉、フレーズをあげてみるのです。もちろん、時流も意識しながら。

たとえば、かつては運動会と言えば10月と決まっていましたが、最近では6月開催も増えています。

最初は何の脈絡もなく、どんどん言葉をあげていくのですが、これがまた意外と興味深い。あげるだけあげてみて、そこに並んだ言葉を眺めてみると、何かしら結びついていくことがあります。

自分の中にある引き出しから出てきた言葉は、自分さえ忘れてしまった記憶と結びついているので、言葉同士がふっとつながり合うのでしょうね。

たとえば、例にあげた「雨宿り」。雨宿りに本屋さんへ。雨が止むのを待っていたら……

なんて、小さな物語が浮かんできそうです。おかげで、ジメジメした気分は吹き飛んでしまいますね。

【梅雨】
雨、天気予報、てるてる坊主、運動会、雨傘、レインブーツ、レインコート、雨宿り、水たまり、水面に映った雲、雲色、雨上がりの虹、架け橋、家の中を楽しむ、読書、本を借りに図書館へ、本屋さん、雨の日の待ち合わせ、録りためたドラマをまとめて観る、紅茶、ティータイム、ハーブティ、お気に入りのカップ……

【冬】
霜ばしら、雪、ホワイトクリスマス、氷の結晶、マフラー、手袋、マフラーにほおをうずめる、カイロ、自転車、吐く息が白い、学校の窓ガラスに指で字を書く、耳当て、マスクをかけた少女、ほおが上気している、ニット帽のおばあちゃん、初めて買ったブーツ……

待ち合わせをしていて、時間が余っているとき。思いがけずもできた時間のスキマに、こんな連想ゲームをやって、言葉を書きためてみてはいかがでしょう。

駅の中、電車の中。いろんな人がいて、それぞれに物語がありそう。空想の世界はどこまでも自由。イマジネーションは無限です。


おいしい食材があれば、料理をするのが楽しくなります。選りすぐった食材は、簡単なアレンジで秀逸な一皿になります。

同様に、味わいのある言葉があればあるほど、文章を書くのも楽しくなります。書かなくても、文章トレーニングができるわけです。

ソーシャルメディアという開かれた場所だからこそ、いろんなチャレンジをしてみてくださいね。

4 シズル感を表現してみよう

瞬間がそこにある「シズル」

「う〜ん、いまいちシズル感が足りないんだよね」

ＣＭプロデューサーが口にしそうな言葉です。

「シズル感」というのは、そもそも広告業界でよく使われていた言葉。プロフェッショナルたちは、広告写真を撮る際に、いかにおいしそうに、買いたくなるように瞬間を切り取るかに、心をくだきます。

温かいものは温かいように、冷たいものは冷たいように表現する。それが、シズル(sizzle)。まさに肉が音を立てて焼け、熱々の肉汁がジュワッと流れ出る状態を表現したものです。

広告のチラシや、ＣＭを注意して見つめてみましょう。

湯気の立っていないコーヒーや、肉汁が少しも出ていないステーキは、ないはずです。そうでなければ、実際に自分も飲みたいとか、食べたいとか思わないでしょう。飲みたい、食べたい。「ウォンツ（欲求）」を起こすシズル感あふれる映像の裏には、クリエイターたちの格闘があります。

たとえば夏のそうめんは、冷たさと瑞々しさが身上。緑が美しい青竹の箸一膳には、霧吹きで水を吹きかけます。そうめんは麺の並びを整え、さらに氷はクラッシュアイスを使って、涼を演出。塗りの盆の上には、笹の葉を配して、コントラストも美しく。出来上がった写真には、水滴が涼しさを添え、まるで清流の里の旅館でいただくかのようなお膳。

しかし、今。インスタグラムの隆盛もあり、自宅でもそんな景色を撮ってしまえるカメラ女子、カメラ男子が増えています。

カフェに行ってオーダーしたものが置かれると、パパッとテーブルを整えて、周囲が写り込まないように（↑ここが肝心）、その場を手早く写真に収めてしまう……その早ワザには、「まいりました」と素直に感心してしまいます。

写真だけでは分からないことを添える

インスタグラムに限らず、ツイッターやフェイスブックでも、写真の上手な人が料理や飲み物の写真を掲載しているのを見て「私も食べたい！」「のど乾いた」とコメントしたことがあるのではないでしょうか。

上手に撮れた写真は、本当にその場に駆けつけたいくらいの衝動に駆られますね。

そんな写真に、どんな言葉を添えたらいいでしょうか。

写真が饒舌においしさを物語っているなら、あえて言葉はいらないことも多いでしょうね。

でも、写真では分からないことを添えたいときは、存分に書いてかまいません。

写真だけで推しはかれないこと、現場にいる人にしか分からないことだってあります。

たとえば、そのお店に行ってみてホスピタリティがすばらしかった。料理もさることなから、サービスが秀逸だった。歴史がすごいと分かった。プロ中のプロだと思わせるような料理人がいた。メニューに込められた物語があった。材料が選りすぐられたものばかりだった。料理にまつわる自分の思い出がよみがえった。本やドラマで見て、夢にまで見たお料理だった……などなど。

もしもそんな体験があれば、伝えてみましょう。

食べ歩きブログの文例　1

いつか食べたいと思っていました。

アルプスの少女ハイジに出てくるあのチーズ。

そう、おじいさんが暖炉の前で温めたあのチーズ。

とろ〜りとなったところを、ハイジがパンの上にのせ、ほおばっていたあのチーズです！

ラクレット、と呼ぶんですね。

今日やっと、夢が叶いました。お腹も胸も、いっぱいです。

食べ歩きブログの文例　2

このお店に来てこのミルクレープを食べないなんて、この街ではモグリです。何度見ても美しいこの側面、やはり見とれてしまいます。フォークを入れると、ツツツ〜と入っていく感触が心地いい。

くどくない、ほどよい甘さは男性でもファンになってしまいますね。

五感を意識＋気持ちを添えよう

五感とは「視覚・聴覚・嗅覚・味覚・触覚」です。具体的な身体でいうと「目・耳・鼻・舌・皮膚」がつかまえる感覚のことですね。

読んでくれる人の五感が刺激されるような文章を書いてみましょう。

よく、テレビでグルメレポーターや芸人さんたちが「美味いっ！」と叫んで「他に言うことないんか」と突っ込まれていますが、文章でも同じことがいえます。

「きれい、うるさい、くさい、おいしい、やわらかい」という表現では表面的なことしか伝えられません。

パン屋さんが「いらっしゃ〜い、おいしいクロワッサンですよ」とお店ブログに書いても、それだけでは食欲を刺激されませんよね。

では、どうすれば？　行きたくなる、食べたくなると感じさせる文章の鍵が、五感にあるのです。

クロワッサンを食べたときの様子を五感で表現してみましょう。

バターをたっぷり使った、豊かな香りのおいしいクロワッサン。

「おいしい」と書かずに、おいしさを連想させるようにするには「五感のどの部分」を刺激すればいいでしょうか？

さらに、クロワッサンができあがるまでの工程や、オーブンからお皿に載せる様子などを描き込むと、臨場感のある物語のようにもなります。

クロワッサンを「五感＋気持ち」で表現	
視覚	こ〜んがり淡い焼き色。仕上げにかけたカナダ産メープルシロップで、艶つやっ、な黄金色。食欲を刺激します。
聴覚	焼きたての熱々、ほんとの熱々にシロップを塗ると「ジュッ！」。空腹なので、「食べて〜」っていう声にしか聞こえません。
嗅覚	バターの香りと、シロップのほの甘〜い香りが微妙に混ざり合って……これ以上、待ちきれません。
味覚	こんがりバターの香りが口の中にふわぁ〜っと広がります。どこまでも、どこまでも豊かなバターの香りと、甘いシロップが、三日月の中でマリアージュ。
触覚	外はサックサク、そしてパリリ。中は、ふんわり、もっちり〜。ふわもちの、生まれたてです。やっぱり、できたてはたまりませんね。

料理を五感で表す単語の一例	
視覚	うっすら・濃い・深い・ツヤツヤ・丸い・四角い・白い・緑の・オレンジの・鮮やかなコントラストの
聴覚	ぱちぱち・じゅうじゅう・ふつふつ・とくとく・ぐつぐつ・じいじい・しゅんしゅん・しゅわしゅわ・カリカリ・ガリガリ・パリパリ・ポリポリ・ぼりぼり
嗅覚	芳しい・香ばしい・香しい（かぐわしい）・ツンと鼻をつく・ハーブの香り
触覚	硬い・ごつごつ・かちかち・がちがち・こちこち・ごわごわ・やわらかい・やんわり・ふにゃふにゃ・ぼくぼく・ふわふわ・ふんわり・ぶよぶよ・ねっとり・ねとねと・にちゃにちゃ・ぬるぬる・ぬるりと・とろりと・しっとり・さらり・さらさら・ばさばさ・ぱさぱさ・しっとり・ぱらり・ほかほか・冷え冷え
味覚	甘い・甘み・滋味・芳醇・顎が落ちそう・まずい・無味・甘ったるい・辛い・辛味・塩辛い・しょっぱい・かんみ（鹹味）・塩気・薄塩・甘塩・苦い・苦み・ほろ苦い・えぐい・渋い・苦渋・酸い味・甘酸っぱい・こってり・しつこい・くどい・脂っぽい・濃（こく）・薄い・薄味・あっさり・大味・小味・淡白・清涼
噛む	こりこり・しこしこ・かちかち・がちがち・こちこち・ぷりぷり・やわらかい・もちもち・ふわふわ・ふわり・ほやほや・にちゃにちゃ・とろとろ・こってり・こてこて・ほろり・サクサク

目を閉じて五感を磨く小さなレッスン

五感を刺激する文章を書くことは、プロでもそう簡単ではありません。例にあげた言葉はあくまで一部。生身で、自分の五感で感じた言葉を使うほうが、読者にもストレートに響くでしょう。

そこで1分でも2分でもいいので、ほんのちょっと目を閉じてみませんか？ 自宅、お店、電車の中、待ち合わせしている駅の構内、自然のなか……どこででもできる、五感を磨く小さなレッスンです。

友人と待ち合わせしていて、早めに来てしまった。改札が目に入る構内のカフェで待っている。そんなとき、そっと目を閉じてみます。

まず音に集中。色や香りはスルーしてOKです。駅のアナウンス、お店の人の声、ハイヒールの音、隣の席の赤ちゃんのおもちゃの音、ケータイで仕事の話をしているらしい人の声、自動改札のエラー音……。結構いろんな音があるものですね。

香りはどうでしょう。コーヒーの香り、ふっと横を通り過ぎたフレグランスの香り、お土産なのか、おいしそうな焼き菓子の香り……。風も感じますね。どちらから？

触感は？　今身につけているショール。そっと触れたり、くるまるように頬をうずめてみたり。グラスの冷たさ、カップの温もり、白木のテーブル。

味覚は？　レモンの味がする水、氷の感触、コーヒーの苦味と酸味。

そして、**目を開けると**……パッといろんな色が飛び込んできます。見慣れたはずの景色なのに、なんてたくさんの色がひしめいているのでしょうか。

食事中でない限り、味覚はむずかしいけれど、どこにいても、短い時間でも五感を磨くことができます。試してみてくださいね。

5 心が動いたときに書く

心の動きにフォーカスしよう

本を読んだ。映画を見た。人の話を聞いた……。感動というものはいろいろなところに転がっています。朝の情報番組でも、受け身でなく観ていれば「へえ」と思うようなことが見つかります。

次の記事は、私が実際にフェイスブックで書いた記事です。短い記事ですが、いつもより速いスピードで「いいね！」が増えていきました。

番組の中での回答は、「銀杏が木についているうちは、イチョウの木の所有者である自治体の所有になる可能性が高い。落ちている銀杏も、法律的には、収取権者である自治体が所有者になる。もし拾いたいなら管理者に問い合わせるのが一番」ということでした。

しかし、ここではそれについては触れませんでした。

無粋な大人がひれ伏したくなるような、少女の答えに注目したのです。

「神様のもの」という少女の言葉にふさわしい、日差しに照り映えるイチョウの葉の写真を添えました。銀杏(ぎんなん)そのものではなく、イチョウの葉にすることでイメージがふくらむと考えました。

こんなとき、テレビの動画をそのまま載せることは著作権を侵害するので、当然無理。たとえ掲載可能であったとしても、テレビの流れそのままでは散漫で、分かりにくい記事になっていたでしょう。

ある朝のこと。
朝の情報番組で
「自治体の所有であるイチョウの木から落ちた銀杏（ぎんなん）は誰のものか」というテーマ。レポーターに尋ねられた少女の答えは…「神様のもの」。
雨の京都でしたが、晴れやかな朝でした。

POINT

●感動した部分（ここでは少女の言葉「神様のもの」）を取り出している。
●記事の説明ではなく、象徴的な写真を添える。
●自分の状況を短く添える（ここでは、憂鬱な雨の日に、日差しに映える晴れやかな朝の気分を贈り物のようにして届けたいと思いました）。

日常の中の小さな感動

「○○さんはいいなあ。いつもたくさん『いいね!』がもらえて」

もしかして、そんな風に周囲の誰かをうらやましいと思ってはいませんか?

ソーシャルメディアを書くときに「いいね!」の数を気にする必要はありません。

そこにとらわれすぎて書けなくなるよりも、とにかく書いて、続けることが大事です。

冒頭のように思われる人の多くは、無理に「いいね!」を集めることを目指しているわけではありません。

いいことばかりの充実した投稿で毎日が埋められているというのも、不自然です。

心が弾んでいるとき、沈んでいるとき、忙しくてわけが分からずグチャグチャなとき。

そんな日々を過ごしながら、心がふっと動いた瞬間を捉えて投稿している人に共感できます。

例文は、Ｙさん（福岡県在住・４児のママ・セラピスト）の投稿です。

ドラマを見て感動した翌朝に現実に引き戻された朝。お子さんに怒りながらでも、やっぱり愛おしい日々の暮らしが素直に書かれていて、ホッとします。

相手が共感する文章を書ける人は、普段から小さな感動や、ちょっとした幸せを探すのがとても上手です。むずかしく考える必要はありません。

「ポジティブに行こう！」と力むわけでもなく、幸せなことも、たまに落ち込んだことも。全部、ひっくるめて楽しんでる。

そんな素直さが共感を誘うのですね。

あなたにも、そういえば同じようなことがあるのでは？

せっかくなら、小さな「よかった！」を探してみません

ドラマで感動した翌日

昨日のコウノドリ（ドラマのタイトル）で命の奇跡に泣いていた私と冬休みの我が子にキレまくる私と本当に同一人物でしょうか！？
あぁ、理想と現実

よかった！探し

●梅雨の晴れ間の幸せ。朝から快晴。洗濯物がどんどん乾いてうれしい。

●アイロンがけが、ものすごく上手にできた。まるでプロみたい。

●家のカギを落としたら、すぐ後ろから「落ちましたよ」。ワァー、いい人でよかった！

●いつも２０回かけないと通じないタクシー会社。初めて、１度で通じた。やった。

●テレビをつけたら、たまたま大好きな役者さんが出ていた。

●空を見上げたら、親子クジラみたいな雲がぷかぷか。何だか、いいなあ。

●お花の先生に褒められた。まわりの皆からも拍手が。続けてきてよかった。

●遅刻だ！大急ぎで準備して結局遅れたけれど、相手はもっと遅れた。ほっ。

●コンビニのレジで「７７７円です」と言われて、端数もちょうど支払えた。

●いつも２回以上切り返す縦列駐車が１回でできた。

●近くの駅まで家族を迎えに行った。片道ずっと、青信号だった。初めて！

か？

育児中は、とかく孤独になりがちです。でも、SNSがあると「大変なのは自分だけじゃない、他のママもがんばってる」と思えます。

ママ友と情報交換したり、励ましあえたりと心強いですね。

時には、他のママ友の活躍が気になってしまって、つい自分と比較してしまうこともあるかもしれませんが、そんなときはログアウト。振り回されないように、ほどよく使いましょう。

6 失敗談を共有して「失敗ナレッジ（知恵）」に進化！

失敗をしない人はいない

ソーシャルメディアで失敗談を披露するのは恥ずかしいと思うかもしれません。

しかし、自分の失敗談をシェアしている人の話を読んで、あなたならどう感じますか。「ドジだなあ」と卑下しますか。それとも「思わぬところに落とし穴があるもんだ。参考になった」と感謝しますか。

後者のほうが圧倒的に多いのです。仮に、笑ったとしても、「ウケるね」マークがつく好ましい反応からでしょう。

失敗談には共感したくなる

ソーシャルメディアを主に仕事で活用したい場合、記事のバランスはどうしたらいいでしょうか。ビジネスブログでは「仕事8割、プライベート2割」と書かれているのを読んだことがありませんか？　特に規定があるわけではありませんが、専門分野について書くのなら、ほど良いバランスでしょうね。

フェイスブックやツイッターでは、もっと自由です。1日2回投稿する人は、1回は仕事の記事、もう1回はそれ以外の記事にしてもOKです。

仕事でも、プライベートでも、そこに人間性が見えると、読者も共感を寄せることができます。

私にも失敗談がいろいろあります。

「300人の前であがってしまいました。いま思い出してもその時間をなかったこととして消し去りたいくらい」と書いたことがあります。すると、その感想が普段の5倍ありました。「私もあがってしまいます」と同調してくれるものや「こうすればあがらないですよ」という話まで。どれも自分に引き寄せたうえで書かれたもので、とても心強かったのを覚えています。そして、その次の機会では「皆さんのアドバイスのおかげで、200%くらいちゃんと話せました。ありがとうございました」と無事報告することができました。

もしあなたが専門家だとして、示唆的な話や、専門的な知恵をシェアしたなら、もちろん読者には役立ちます。しかし、たくさんの返信やコメントが集まるかどうかは、また別の話。読者の側からコメントをするのは、意外と勇気が要るのです。

ところが「失敗しました」と落ち込んでいると、「元気を出してもらえるように励ましたい」「失敗しない方法を教えてあげよう」と手を差し伸べたくなるのです。

体験が「失敗ナレッジ」に進化するとき

そのときのフィードバックのなかで「前田さんの失敗が他人の役に立ちますね」という感想がありました。

誰かの失敗が、誰かの役に立つ。失敗したという事実は、消しゴムでは消せません。でも、過ぎたことを「こうしたらよかった」と後悔するよりも、「次は、こうすればいい」と次回に活かせばいいのだと思いました。

とはいえ、最初から「誰かの役に立とう」と大げさに構えなくてもいいのです。

小さな失敗をシェアすると、意外に共感を呼んだり、感謝されたり。結果として、自然にそうなることもあるというだけです。

Before NG例

東京出張から帰ってきて、京都でＪＲに乗ろうとしたときのこと。

「出場記録がありません」とエラーになりました。

ガーン！ショックです。

みなさん、出張先で電車に乗るとき、特に改札を出るときは要注意です。

After OK例

東京出張から帰ってきて、京都でＪＲに乗ろうとしたときのこと。

「出場記録がありません」とエラーになりました。

窓口に行くと「最後は、私鉄でお使いですから、私鉄でしか修正できませんね」

つまり、東京にまた行って、同じ私鉄に乗らないことには、修正できない！　ショックです。

みなさん、出張先で電車に乗るとき、特に復路で最後に改札を出るときはちゃんと記録されているか、必ずチェックしてくださいね。

POINT

ビフォーの例だと、何が原因で、どんなアクシデントが起きて、どう対策を立てればいいかが分からない。

アフターの例では、どんな状況で失敗したのか？　失敗しないためにはどうすればいいのか？　詳しく書かれており、仲間と「失敗ナレッジ」として共有できる。

「○○さんでもそんなことがあるんですね」

「普段は本当におっちょこちょいなんです」

親近感を持たれて、距離が縮まることもあるでしょう。


また、**ひとりで考えているよりも、他人にシェアすれば、その分スピーディに、そして多彩な知恵が集まります。すると、失敗が「失敗ナレッジ」という高度な知恵に結実**するのですね。


ポイントをひとつ。失敗を知恵に変換するには、詳細に記すことです。

失敗したことをあまり詳しくは書きたくないのが本音でしょう。でも、事例でも分かるように、何が失敗だったのか、次にどうすればいいのかがあいまいだと、読んだ人には伝わりません。コメントをしようがないばかりか、「こうすれば？」という知恵も集まりません。

失敗したことを書くときは、思い切って、詳しく、分かるように掘り下げて書くことが大事です。

7 ネタ探しに困らない！ 記憶の引き出しはヒントの宝箱

投稿ネタに困ったら自分の記憶を頼ってみる

「フェイスブックに何を書けばいいでしょうか。ネタ探しの時点ですでに困っています」

何か新しいことを書こうと力を入れすぎて、書くこと自体が負担になってしまう……。

分からないでもありません。

フェイスブックやツイッター。SNSでは、「今何をしていたのか」自分のタイムリーな話題を書く人がほとんどです。

しかし、「何かタイムリーな話題について書く」だけでなく、「タイムリーな話題についての思い出を書く」のもおすすめです。

そう、タイムトラベルするみたいに、記憶の貯金箱をひっくり返してみるのです。

街で、リクルート服の若者を見かけたら、就活の思い出を。

桜の季節には、初めて友達ができた日の思い出を。

四季折々の行事や日々のちょっとしたこと、記念日のこと。記憶について書くと、同じような記憶を持っている友達から共感のコメントがつくこともあります。

- **●子どもの頃得意なことは何だった？　なりたい職業は何だった？**
- **●就職活動はどうだった？**
- **●なぜその仕事に就きたいと思ったの？**
- **●どんな新入社員で、どんな同僚や先輩がいた？**
- **●仕事は楽しかった？　それともキツかった？　どんな仕事だったの？**
- **●初めて仕事を一任してもらえたのはいつ頃？　どんな気持ちがした？**

自分で自分に質問して書いてみましょう。自分にとって何でもないことでも、それを読んだ人にとっては役に立つことかもしれません。自分で思っている以上に、人は興味深い体験を積んでいるものなのです。

昇進のお祝いに先輩から万年筆をプレゼントにもらったとしましょう。

その万年筆そのものについて書くのも、もちろんＯＫです。

万年筆は、ビジュアルだけでも存在感があるので、ツイッターで画像を載せて、一言書くだけでもじゅうぶん素敵でしょう。

どんな一言を載せましょうか。写真があるので、文章そのものに万年筆と入れなくても成立します。

ツイッターで万年筆の画像に短文を添えたいとき

例文❶　文豪気分。銀座に原稿用紙を買いに行きたくなった。書くことがあるわけでもないのに　＃万年筆、＃ fountain pen

例文❷　「昇進のお祝いに」と、ある先輩から。うれしいプレッシャーだ。力に変えて頑張っていきたい。

しかし、今目の前にある万年筆の特徴を加えて、少し量のある記事を書こうとすると、色・かたち・素材感・重さ・書き心地・価格・ブランド……など、ある程度書けることが限られてくる人も多いかもしれません。

何を書こうと考えあぐねてしまったら、「記憶の引き出し」を開けるのも手です。

たとえば「初めて万年筆を手にしたとき」のこ

黒いつやのあるのや銀色の大人っぽいのや。そんな中に混ざって、白い華奢なのが目についた。

すっと茎の伸びた一輪の花が描かれている。

ボールペンでもない、シャーペンでもない、初めて手にするその筆記具。

インクカートリッジの入った見本を、白い紙の上にすべらせた。

金色のペン先から、ツツーと透明感のあるインクが出てきた。ほしい。

職員室に呼ばれたのは、注文書に記入して、それからずいぶん日が経った頃だった。

注文した私も、そしてきっと先生たちも忘れるくらいの日数が過ぎたのだろう。


それにしても、すっかり大人になった私は今思う。

封筒にお店の名前は書いてなかったのだろうか。

爆弾騒ぎになるくらいだから、他に注文した生徒はいなかったのだろう。もしかして、私一人だったのだろうか。そのときから、ませていたんだな。

今はもう、その万年筆を持ってはいないけれど、万年筆を見るたびに、爆弾騒ぎのことを思い出す。


あなたの万年筆には、どんな思い出が詰まっているだろうか。

と、覚えていませんか？

下記の「万年筆の思い出」を書いた文章の

×　×

のところで、前半・後半に分けてもいいですね。

こんな風に、記憶をたどると、書けることはいくらでも出てきます。あなたの引き出しも開けてみてくださいね。

万年筆の思い出

その日私は、先生から職員室に来るようにと呼ばれた。

何か、悪いことをした？　記憶にない。

授業が終わり行ってみると、職員室は静まり返っていた。

「失礼します」と入る。先生の手に白い封筒がある。私宛らしい。

長4の封筒で、縦の中心に2センチほどの厚みがある。

「？」

「先生宛ではないけれど、封を開けてみてもいいかな？」

よく分からないままに、うなずいた。中から、白い薄紙に包まれた棒状のものが出てきた。

包み紙を解くと、中から出てきたのは万年筆だった。

先生の表情がゆるんだ。かと思うと、大笑い。

「ハッハッハ。いやぁ〜、そうか！　よかった、よかった。いや、先生たちも何だろうと分からなくてね。硬いし、細長いし、もしかして小型爆弾とかだったらどうしようかと話していたんだよ」

職員室全体がドッと笑いに包まれた。

×　×

初めて万年筆を手にしたのは、中学二年生のときだった。

中学校の体育館で、なぜだか万年筆の頒布会があったのだった。


ずらりと並んだ万年筆は、ちょっとよそゆきの文房具といった顔をしている。

「記憶＋最後に質問」で情報交換してみる

脳科学者の茂木健一郎氏の著書によれば、人の脳は、一度何かを記憶したら、ずっとそのまま保存されるということはなくて、常に記憶を編集しているそうです。

ならば、意識的に思い出そうとするとき、記憶が活性化されて思わぬ新しい発見があるはずです。

もしかしたら、書きたいことがどんどん生まれてくるかもしれません。

多くの人が持っているであろう記憶。だからこそ、たくさんの人に共感してもらいやすいネタです。

そこで、記事の最後に、ひとつ質問を加えておくと、読んだ人がすっとコメントしやすくなります。

8 撮って書く「写真＋文章」の最強コラボで読まれる定番に

撮った写真でビジュアルに伝える

小学校のとき、夏休み中に絵日記を書きましたか？ 絵日記は絵を描いて、文章を添える。絵だけでもなく、文章だけでもなく、その相乗効果を利用して書く――脳の働きも活性化させてくれるとてもいいトレーニングになります。

絵と同じように、ビジュアルに訴求できるのが写真です。

私もいつも「写真をもっと上手に撮りたいなあ」と思っていますが、そこまで至りません。

フェイスブック上では「スマホを使って撮る写真教室」や「プロのテクニックを知るデジカメ教室」みたいな講座がいろいろあります。プロのカメラマン直伝の講座は、やはり質が高いようですね。友人にも、写真講座を受けてから、フェイスブックの写真がグッとよくなった人がいます。

何と言っても、**いい写真が撮れると載せたくなるもの。文章をそこに添える機会が増えます。**

結果的に、文章力のアップにもつながるのです。

定点観測するテーマを決める

書き続けるための一つに「定番を載せる」という方法があります。毎日ある程度決まった時間に、同じテーマの写真や画像を載せるのです。

たとえば、こういうのはいかがでしょう。

「今朝の一筆」／書道の得意な人・好きな人は「今日の一言」を書に
「今日の鉄くん」／電車が大好きな人は、撮りためた中からとっておきの一枚を
「今朝のお弁当」／毎朝お弁当をつくる奥様は、その日のお弁当を
「今日の花言葉」／花が好きな人・花屋さんは、その日の花言葉を

写真にある情報を加えた例

Before NG例

【今日のヘアカット】
ボブスタイルにカットしました。
喜んでいただきました。

写真にない情報を加えた例

After OK例

【今日のヘアカット】
先月より、少し前下がりにしたいとのご希望。
たいていの人は、いつも少しだけうつむき気味なので、
実際は写真以上に前下がりに見えますよ。

POINT

「写真＋文章」で「お決まり」をつくってみる。趣味のことや、専門分野のことなどを写真で掲載してみる。写真の説明だけに終わらず、「そこにない情報」を加えてみる。

「今週の文具」／文具フェチの人。毎日でも、毎週でもどちらでも撮ることで定点観測することが日課になれば、日々のリズムができ、好都合です。また、見る人にもよりインパクトがあり、その分記憶に残ります。できる範囲で、文章を添えてもいいですね。

撮った写真を説明しない

文章の役割というのは、写真にできないことをすること。言い換えれば、**「写真を見て分かることは、書く必要がない」**のです。写真を撮って、ブログやフェイスブックに載せて、その説明をするのは、もったいないですね。お料理なら、簡単なレシピを載せてもいいでしょう。ツイッターで１４０文字レシピ。簡単で、すぐできそうでお気に入りに入れたくなります。

9 「3秒でつかむ書き出し」で読まれる動線を引こう

3秒でつかむ書き出しで全体が変わる

ソーシャルメディア時代はみんな忙しい。あちらもこちらも、読みに行かなきゃ。そんな声が聞こえてくる最近「これを読むかどうか」決めるまでにかかる時間は1秒とも言われます。

その1秒で相手の心をキャッチしなきゃ！　つかみはどうしようか？　と、新しいことばかり考えてしまいますね。正直、骨が折れる作業ではありませんか？

しかし、SNSでありがたいのは、すでにつながっているという事実。

駅前で配って、手に取ってもらえなければ、もう知ってもらうチャンスはない。そんな手配りチラシとは違うメディアです。

つながっているあの人は、あなたがコメントをすれば、読みにきてくれるかもしれません。「いいね！」をしたら、返してくれるかもしれません。

そこに、いつも同じ書き出しで書かれた投稿があれば、どうでしょう？　安心感を持ちますよね。

お決まりの書き出しで安心感を持たせる

Oさん（東京都在住・新聞社勤務）の記事は、毎回「突然ですが……ですか（ますか）？」と質問文で始まります。

読者は「今日はどんな質問かな」と、まるで自分の事として身を乗り出して読み始めるのです。多彩でオリジナル度の高い内容を、私も楽しみにしています。

こうした定型の書き出しは、続く内容を適度に想像させ、読み手に安心感を持たせます。何よりも、気持ちの動線をつくるのです。

文章の書き出し

- 突然ですが……ですか（ますか）？　→　突然の質問
- 〜してはいけません　→　逆説で始める
- まいど、おおきに　→　商売に役立つ話題
- 今日のニュースです　→　新鮮な話題
- 我が家の天気　→　気まぐれなものについての話題

Before

（結婚式） 今日は、娘の結婚式でした。

（卒業式） ３月２日。今日は、息子の卒業式でした。

（息子の甲子園を応援） 息子と○○高校野球部の勇姿を甲子園に応援に来ています。

（梅雨） 今日もまた雨。うっとうしいですが、元気に行きましょう。

（定年） 今日は夫にとって最後の出勤日。数日前からプレゼントを悩んでいたのですが…

After

（結婚式）＊せりふで始める。
「お父さん、お母さんお世話になりました」と娘が言いました。今日は、娘の結婚式。
（卒業式）＊数字で始める
182cm。本日高校を卒業する息子の身長です。
３年間ですっかり追い抜かれてしまい、見上げています。
（息子の甲子園を応援）＊擬音で始める
カキーン。やったぁ！息子のバットが甲子園の空に快音を放ちました。夢のようです。親ばかですが、今日だけは許してくださいね。何せ、少年野球の……
（梅雨）＊回想で始める
今日みたいな朝は、映画『○○○○』の中で主人公がずぶ濡れになって愛を告白する場面を思い出します。
（定年）＊手紙風に始める
拝啓 ダーリン。今日は、最後の出勤日だね。
ずっと家族のために……

POINT

「つかみ」を工夫して、読ませる文章にしよう。
「今日は〜でした」と報告で始まる文章は
セリフで始める／数字で始める／擬音で始める／回想で始める／回想で始める／手紙風に始める
など変化を付けてみよう。

そして発信者も同じ書き出しで始めることで、「よし、今日も書くぞ」と気合が入ります。日頃からネタをストックする習慣も身につきそうです。あなたも自分らしい書き出しを考えてみてはいかがでしょう。

前のページのビフォーのように「今日は～でした」と始めて、その後に事実を積み上げていくのは、よくある「報告」スタイルです。変化に乏しく、平板なので、ありきたりな印象を与えます。

アフターではただの報告スタイルだったビフォーと比較して、ドラマやライブ中継のような臨場感が生まれますね。また、ストーリーや時間の経過も感じられます。

ビフォーとアフターが書いているのは同じ場面ですが、少し書き出しを工夫するだけで、

「これからどんなことが書かれるのだろう」

と読む側の期待が膨らむ文章になります。書き出しに続く文章も自然と変化がつくでしょう。すると、書くのが楽しくなってきます。ぜひ試してみてください。

10 自分のキャラクターとTPOで言葉を選ぼう

背伸びしすぎず自分の言葉で

ソーシャルメディアでは、いつもビジネス文書のような表現だと堅苦しいですね。読者にとってもとっつきにくい感じがするだけでなく、書くほうも億劫です。

大切なことは、あなたが日頃何を考えていて、どんな人かを分かってもらうこと。必要以上に背伸びをしたり、性に合わない言葉を使ったりしても長続きしないでしょう。窮屈な気持ちで書いていると、不思議とそれがにじみ出てしまうものです。

特に、ソーシャルメディアでは、ビジネスメールよりもフランクな表現が主流です。話し言葉や方言でも大丈夫。自分のキャラクターに合った言葉で書きましょう。

絵文字やスタンプはTPOと相手の関係性で選ぼう

さて、気をつけたいのは、TPOです。

「最近の日本語は、だいぶくだけて使っていいと聞くよ」と、聞きかじりで、すべての場合に当てはめてしまう人もいますが、この点は要注意。

個人の発信として、ツイッターやフェイスブックで投稿する場合

↓ キャラクターにもよるが、くだけた表現でもよい

企業の公式フェイスブックページで常連のお客様からお褒めのコメントがあった場合

↓ 素直に喜びを表現

お店のフェイスブックページにメッセージ機能で年配のお客様から苦情があった場合

↓ 敬語を使い、心から謝罪する。絵文字やスタンプは、おわびの場面では逆効果になることも。

時と場合で、ふさわしい言葉は変わります。

特に、メッセージ機能を使って大事なお客様とやりとりする場合には、1対1よりも複数のスタッフで対応できるようにしましょう。そのほうが、チェック機能が働き、安心です。ツールによって、複数の管理者を設定できることがあるので、確認してみましょう。

常連のお客様でフランクにやりとりできる間柄なら、敬語は軽めでいいでしょう。

初めてのお客様や、年配のお客様に対しては、より丁寧にと心がけます。言葉だけでなく、スタンプや絵文字もありますね。

私の場合は、仕事でつながっているケースも多いので、スタンプや絵文字は多用しません。が、

フェイスブックで誕生日について投稿するとき

（ちょっとまじめに）
「誕生日のご祝辞をいただき、心から感謝の言葉を申し上げます」

（フランクに）
「〇〇歳になりました。たくさんの方にお祝いの言葉をいただいて、すごくうれしいです」

（さらに気さくに）
「感謝 × 2です。寿命も倍になった気がします」

（方言で）
「おおきに～。ほんまにうれしいです」

ＳＮＳではそれもコミュニケーションのツールなので、必要に応じて使います。

　メッセージやコメントで相手からの文章に絵文字やスタンプがあった場合や、何度か往復した場合に使うことが多いです。

　文章で書く「ありがとうございます」だと「こちらこそありがとうございます」「今後ともよろしくお願いいたします」と切り上げるタイミング

常連のお客様とのフランクなコメントをやりとりしていた場合

Before　NG例

お客様「また、行きますね～（♥）」
お店「感謝しております。一同､楽しみにお待ちしております」

After　OK例

お客様「また、行きますね（絵文字）」
お店「ありがとうございます！　スタッフ皆で楽しみにお待ちしています（ニコニコ絵文字）」

POINT　**ビフォーの返信コメントではちょっと堅い印象。アフターのほうが、気さく度がマッチしています。**

初めてのご年配のお客様と
おわびのメッセージをやりとりした最後に

Before NG例

お店「本当にすみませんでした」
お客様「いえ、あまり気になさらないでください。誠意は十分に伝わりました。また伺うことがあれば、よろしくお願いしますね」
お店　（いいね！　のスタンプ）

After OK例

お店「誠に申し訳ございませんでした」
お客様「いえ、あまり気になさらないでください。誠意は十分に伝わりました。また伺うことがあれば、よろしくお願いしますね」
お店「温かいお言葉、恐縮です。本当にありがとうございます。ぜひまた、お越しくださいませ。スタッフ一同心からお待ちしております」

POINT

お客様にこちらが迷惑をかけた場合、あるいは得意先との仕事のやり取りをメッセージで行う場合、ＳＮＳでも通常のメールのようなていねいさが必要です。
ビフォーだと、せっかく寛容になっている相手に対して「こんなときはスタンプで簡単に済ませないで、言葉で誠意を尽くすべき」と再び心をざわつかせてしまうこともありえます。

がつかみづらいですよね。でも、スタンプだと送りあって終わるので、キリがつけやすいメリットもあります。

どんな言葉を使うのか、スタンプや絵文字でも問題はないのか？　ひと呼吸おいてから送信するといいでしょう。

言葉に使われず、主体性を持って言葉を使う……その楽しさを教えてくれるのも、ソーシャルメディアという「表現の場」なのです。

11 疑問を持つ、聞いて調べる、それを書く

変化を起こす素朴な疑問

私たちの毎日は、同じようで同じではありません。

Aさんは、昨日車に乗ってお店に行った。
今日も、車に乗ってお店に行った。

他人から見たら、同じ行動です。けれど、そこで見たこと、聞いたこと、感じたこと、考えたことは日々違うでしょう。

疑問もわいてきますよね。毎日のように、いろんな場面で。

子どもの頃はうるさがられるくらいに親を質問攻めにしていませんでしたか？

大人になると疑問をそのままにしてしまい、いつの間にか忘れてしまうことも多いですね。でも、思い切って尋ねてみるのもいいですよ。

「素敵な椅子だな。どこかのブランドかな」

「このカレー、スパイシーな中にも甘さがある。何が入っているんだろう」

「このショップカード、いい香りがする。何のアロマだろう」

お店の人が忙しそうなときは気がひけるでしょうから、タイミングを見て尋ねてみます。

聞かれて嫌な顔をする人は、めったにいないはず。それどころか、思いがけずも、店主さんや運転手さんと仲良くなれることもあります。

以前、タクシーに乗って、運転手さんに話しかけてみました。

「観光案内もなさると、おいしいお店をいっぱいご存知でしょうねえ。私は京都に住んでいても、そういうのに疎いので悩みます」

すると、ラーメンならここ、うどんならあそこ……と、乗車中ずっと、教えてもらえました。

出会う人それぞれに、自分にはない体験、知恵があります。

そのことに関心を持って質問してみると、思いの丈を聞けたり、知らないことを知れたりします。

そんな時間を過ごせると、豊かな気持ちになれるのです。

聞いて、調べて、書いてみると役に立つ

あるとき、テレビの番組で「茨城県人として言いたいことは？」と街頭インタビューされた茨城の人がこう答えていました。

「茨城は、イバラギじゃなくて、イバラキ！　間違えないで」

あ、私もイバラギと読んでいたかも……。あれっ大阪の茨木市は？　どう読むんだろう。

調べてみました。大阪の茨木市もイバラキです。ついでに、市の花は「バラ」だと分かりました。

イバラキ＝バラ、覚えやすい！　バラ園とかありそう。バラジャムも？　後戻って、茨城県の県花は何だろう？

以前ならそのままにしておいた疑問を、こんな風に誰かに聞いたり、自分で調べたりするようになりました。

ただ知るだけでも十分ですが、ついでに発信してみるのもいいですね。メモ代わりに発信するなら、ツイッターを使うと簡単です。

情報を得る↓知る↓疑問を持つ↓調べる↓知る↓書く↓見る

3つ目で終われば、1つのことしか知ることはできませんでした。私は忘れっぽいので、それだけだと、情報をなかなか定着させられません。

でも、疑問を持って調べて、しかも発信すると、ちゃんと覚えられます。

書きながら、その情報を自分の目でも見るので、脳にしっかり

調べたことをつぶやいてみよう

茨城って、イバラキって読むんだね。知らなかった。大阪の茨木市は？ それもイバラキ。ちなみに、シンボルはどちらも「バラ」。

入力できるからです。

「へえ、私もずっとイバラギと読んでたよ。知らなかったあ」とシェアしてくれる人もいるかもしれません。

聞いたり調べたりしたことを書くと、自分だけでなく、誰かの役に立つこともあります。

そういうのは、ちょっといい。私たちの毎日は同じようで、やはり同じではないのですね。

第4章

ソーシャルメディアで気をつけたい意外な落とし穴

——誤解されない・トラブルにならない書き方を知っておこう

1 愚痴の文脈が人を遠ざける

何のために投稿するの？

第2章で「読まれる文章」について、第3章で「共感される文章」について書いてきました。ソーシャルメディアでは、「上手な文章」を書くことより、ずっと大事なことだからです。

読まれる文章で、まずあなたを知ってもらえます。

共感される文章で、あなたに関心を持ってもらえます。

そもそもなぜ、そんな風に文章を工夫して、投稿するのでしょうか？

それについては、第1章で考えてもらいましたね。

愚痴に終始する投稿はほどほどに

文は人なり、と言います。文章を見れば、その人となりが分かるという意味。

フェイスブックで、もしも愚痴や悪口ばかり書いている人がいたら、あなたはどう感じるでしょうか？

「聖人君子じゃないんだから、たまには落ち込むこともあるよ」

「人間だから愚痴も出れば、ブラックな横顔もあるよ」

悲しいとき、落ち込んでいるとき、いじわるをされたとき、悪口を言われたとき、失敗したとき……愚痴を書きたくなることはあるでしょう。

つながっている人たちも、

「嫌だったんだね。○○さんにもそんな気持ちになることがあるんだね」

たまに言うくらいの愚痴なら、そうやって慰めてくれると思います。


ただし、内容や頻度が問題です。

毎回のように、延々とマイナスでネガティブなことばかり書かれていると、読むほうも気が滅入ってきます。

せっかく愚痴を書くのなら、書き方も、少し工夫してみてはどうでしょうか。

内容によっては、周囲も共感やアドバイス、何らかのサポートをしたくなることだって、ありえます。

・健康上・仕事上の問題で改善方法などヘルプを求めている

・「嫌だった・悲しかった」と自分の感情を吐露して、後を引かずにすんでいる

・「失敗して、落ち込んでいる。もっと～したらよかったな」と改善点を考えている

・「あー、スッキリした！　心機一転、またがんばる！」とストレスを発散できている

こんな風に、次につながる内容なら、「いいね！」を押す人も出てきます。

だから、毎回は無理でも、少しずつそういう次につながる投稿にしてみませんか？

自分のタイムラインに何を書こうと、自由です。

けれど、フェイスブックは、公共の広場のようなもの。そんな場所で、しょっちゅう後ろ向きな発言ばかりしている人は、自分の価値を下げてしまっているのです。

「公開範囲を設定できるので、友達限定にしているよ」とその人は言うかもしれません。

それでもやはり、愚痴に終始する投稿ばかりは、避けるほうがいいですね。

本当の友達は、なおさら心配するでしょう。

「褒め」もタイミングと内容を間違えば逆効果

愚痴の投稿がダメなら、試しに誰かを褒めてみよう！

それはいい心がけですが、ポーズで褒めるのも感心しません。心から共感できたときにこそ褒めたいもの。

ここで間違えたくないのは、タイミングと褒める中身です。

もしフェイスブックで、まだ友達になっていない異性から、写真がすごくいいと言われたら、どう思いますか？ 特に外見への褒め言葉は、うれしい気持ちよりも警戒心を抱かせます。

一方、しょっちゅう「いいね！」をくれる人から考え方や意見を褒められた場合は、たとえ面識がまだなくても警戒心を抱かれにくいでしょう。むしろ、

「会ったことがない人なのに、私の考え方に共感してくれた」

と心強く思えます。思いや考え方に寄り添ってもらえるというのは、それくらい感激することなのです。

安直な褒め言葉を繰り返さない方法

「素敵です」

「すごいです」

「尊敬します」

褒めてもらってうれしくない人はいません。

もっと言えば、**どこが素敵なのか、どこがすごいのか、どの点を尊敬するのかを、具体的に書くと、さらに喜ばれる**でしょう。

「いつも前向きで素敵です」

「そこまで自己管理できるとはすごいです」

「柔らかい感じなのに、一本筋が通っているところを尊敬しています」

とはいえ、毎回細かく書くわけにもいかない……そんなときは、せめて同じ褒め言葉が続かないように、思いついたらその言葉を書き留めて、ストックしておくといいですね。

自分が褒められてうれしかった言葉も、覚えておきましょう。

褒め言葉のいろいろ

素敵です／さすが！／かっこいい！／エクセレント／ブラボー／美しい／豊かな感じがします／すばらしい／賢い／手際がいい／頑張り屋さん／友達として自慢です／メンバーとして鼻が高いです／上手／味がありますね／若々しいですね／頑張ったんですね／誇りです／やりましたね／ご立派です／お見事／参考になります／お手本にしたいです／今まででー番いいと思います／ご活躍ですね／励みになります／

2 評論・批評・批判は「自分フィルター」を通してから

一億総評論家時代の責任と寛容

ソーシャルメディアは気軽に誰でも使うことができます。しかし、瞬時に拡散する可能性も秘めており、発信と同時に責任が伴うものです。

それを押してなお、人によっては、「責任を果たすために、あえて書く」と覚悟を決めて批判的な記事を書くこともあるでしょう。

自分が書かなくても、もしかしたら、それをシェアすることがあるかもしれません。書く側も、受け止める側も、その意図や内容を理解し、慎重に投稿やシェアをしましょう。

時々、レビューやブログで「やらせ」が起きて問題になりますね。

その背景には、カリスマレビュアーのレビューや、芸能人のブログを読んで、無条件に信じてしまう人がいるという事実があります。

そう考えれば、ソーシャルメディアでは他人に対する責任だけでなく、自分に対しても責任が生じると考えるほうがいいでしょう。

「身体にいい情報と思ってシェアしたのに。何てことをしてくれるんだ！」

「いい買物サイトだと思って友達にも教えたのに、もう○○なんて信じるものか」

と、間違いを犯した人や企業を切り捨てるのは簡単なことです。

しかし、それではソーシャルメディアを使う意味がありません。「責任と寛容」。両方を意識したいものです。

評論・批評・批判・悪口・誹謗中傷はどう違う？

職業として「経済評論家」はいても「経済批評家」とはあまり聞きません。匿名批評家はいても、匿名評論家という表現はあまり見かけません。

『広辞苑』にも「批評家」は、

「自分では実行せず、他人の言動をあげつらう人を批判的に言う語としても使う」とあります。どうも「評論」より「批評」のほうが、分が悪いですね。

さらに「批判」は否定的色合いを感じさせます。

「批評」も「批判」もかつてはほとんど同じ意味でしたが、最近では「批判的な意見」は「否定的な意見」ととられます。もちろん、「悪口」「誹謗中傷」は、恥ずべきことです。

反骨精神のある批判なら◯

逆説的ですが、次の一覧の中で、あえて好感を持つものをと問われたら、①の意味での「批判」に潔さを感じます。しかも、匿名ではない批判の場合です。

なぜなら、批判をした本人は得をしません。それでも、責任を果たそうと覚悟をもって批判する人たちに「反骨精神」を感じるのです。

匿名ではない「批判」の多くは、批判だけに終始していないことがほとんど。「どうすればよかったのか」を分析し、「今後どうしてほしいか」対策を提示するものが多いのです。

周囲の人も納得し、役に立つ知恵として共有されるような前向きな意見なら、本来の建設的「批判」として尊重されてもいいでしょう。

あくまでフェアに、時と場を考えて責任ある内容を書くのなら、信頼に結びつく場合もあります。

評論・批評・批判・悪口・誹謗中傷の違い	
評論	物事の価値・善悪・優劣などを批評し、論ずること。また、その文章。
批評	物事の善悪・美醜・是非などについて評価し論ずること。
批判	①物事の真偽や善悪を批評し判定すること。 ②人物・行為・判断・学説・作品などの価値・能力・正当性・妥当性などを評価すること。否定的内容を指して言う場合が多い。
悪口	人を悪く言うこと。またその言葉。
誹謗中傷	根拠の無い悪口を言って相手を傷つけること。

丸呑みにしない

シェアもひとつの情報発信。そこに添えられた文章にシェアした人なりの考え方が書かれていると、ユニークな二次情報として成立します。読んだ側も、そのほうがコメントしやすいものです。

たとえば二次情報であっても、単にコピペしたり、コメント無しでシェアしたりというのは、主体性が感じられません。これは、マスメディアだけでなく、「親しい友達」からのシェアでも例外ではありません。

よく知っている人からの情報だからといって無条件に丸呑みすべきではありません。**シェアするにしても、ひとつひとつを吟味し、自分のフィルターを通しましょう。**

そうするうちに、

「○○さんがシェアしてくれる情報は、いつも納得できるものが多い」

「仕事に役立つ情報が多くて、ためになる」

と言ってくれる人が出てきます。大勢ではなくても、深く濃く、信頼できる人との確かなつながりが増えていくことが貴重なのです。

3 他人をタグ付けするときは、一言断りをいれよう

イベントで参加者の写真を撮る前に

あらゆるソーシャルメディアで、多くの人が写真を投稿しています。その大半は、他人から見れば他愛ないものです。ですが、写っている本人にしてみれば「エッ！」と驚くようなものもあるでしょう。

人それぞれに思惑があります。無用のトラブルを避けるために、あらかじめ了解を取っておくに越したことはありません。

特に飲み会やレジャーなどのイベントでは要注意。集合写真などは、撮影前に、「写真を撮ります。フェイスブックやブログに載ると都合が悪い方はいらっしゃいますか」

と確認しておきます。

ちょっと恥ずかしいので顔出しだけは……という人には、

「じゃあ、写りたくない人は、お顔を隠してくださいね」

と本などで隠してもらうこともあります。

いずれにせよ、撮る前に一斉に確認しておくことがポイントです。

フェイスブックならではのタグ付け機能

フェイスブックのタグ付け機能は、情報を拡散させるにはとても便利です。が、反面、慎重さも必要です。

写真を撮影する前に確認するのはもちろん、タグ付けに関しても承諾を得ておきましょう。

「○○さんは講師だし、名前や顔が売れたほうがいいだろう。タグ付けしてもいいはずだ」

と勝手に判断するのは禁物。もしかしたら、家族や同僚には秘密かもしれません。

手間暇がかかるものですが、その都度確認します。

そうでなければ、本人に任せるのも方法です。

もし、イベントなどに来てくれた人に対して、お礼のメッセージを送るのであれば、その際に一言添えておくといいでしょう。

「本日はお忙しいなか、ありがとうございました。○○さんのおかげで、場が和み、司会者としてもとても助けられました。イベントページに、集合写真を掲載しました。よかったら、タグ付けしてくださいね」

他人の行動を勝手に載せるのはやめよう

ブロガー同士の場合や、ネットが縁で知り合った人同士の場合は、少しでもPRになればという好意から、お互いに意識的に載せたり、タグ付けしたりする場合があります。

その場合でも、やはり許可を得てから載せるほうが安心です。普段はよくても、実はその後に約束が控えている人もいるでしょう。その相手が見れば、

「ええ！　○○さんは、約束の時間が過ぎているのに、そんなところで油を売って」

と怒り心頭に発するかもしれません。

もちろん、なかには、

「私については、いつどんな状態でも、断りなしにタグ付けしてもらってかまいませんよ。ブログでもフェイスブックでもどんどん載せてください。ありがたいです」

という人もいます。

そうでなければ、ちょっと一言。そばにいる人に尋ねるのですから、時間にして1分もかからないことです。

「いま、○○さんと一緒にいます、とタグ付けしていいですか」

と短いうかがいを立てることで、あなた自身も信頼を得ることでしょう。

また、他人の投稿で自動的にタグ付されないように、自分のプライバシー設定で、要確認の設定にしておきましょう。

慣れすぎないことがリスクの発見につながる

あまり牽制すると、初心者のなかには「タグ付け恐怖症」になる人がいるかもしれません。

しかし、自分はネットリテラシーが高いと思っている人にこそ、あえて伝えたいのです。

ソーシャルメディアを長い間使っているとついつい、慣れが生じます。そこに、リスクが潜んでいます。

本人に断りなく、写真を載せたり、グループに入れたり。そういう人に限って「もともとフェイスブックは、そういうフランクなツール。タグ付けが嫌なら外せばいいし、グループが嫌なら抜ければいい」と言うでしょう。

しかし、考え方は人ぞれぞれ。配慮が必要な場合もあります。ネットリテラシーが高い人こそ、初心者や慣れていない人の立場に立ってほしいのです。

見えるはずのリスクに見知らぬふりをしないでほしいのです。それこそが、先行者の役目です。

4 「売り込み」はNG。まずは相手に誠実な関心を寄せて

売り込まれたくない「お客様」

「セールス、訪問お断り」

門柱にこんな貼り紙がしてある住宅を見かけたことはありませんか？

誰かれなしにドアを開けることのできない時代です。こちらから頼んでもいないものを売りに来られたり、いきなり電話がかかってきて何かの勧誘をされたり……。苦手に思う人も多いでしょう。

自分がされて困ることはしない。売り込まれるのは、嫌。

リアルでもそうなのですから、たくさんの人がいるSNSではなおさらでしょう。

いっぽうで、

「この化粧品、すごくいいんだよ」

仲のよい友達がそう言うと、あなたは素直に興味を持ちませんか？

誰しも売り込まれたくありません。

だからこそ、友達のおすすめが貴重なのです。

口コミサイトが全盛の頃、カリスマレビュアーがもてはやされましたが、ソーシャルメディアが発達した現在はどうでしょう？　顔も知らないレビュアーか、身近で共感できる友達の声か……。

あなたならどちらを信用しますか？

「お客様」とは「友達」として知り合おう

商用利用が公認されているフェイスブックですが、個人ページであからさまにビジネスにつなげるやり方はお客様に好まれません。

好ましいのは「友達」として出会うことです。

たとえば、次ページのビフォーのように仕事のことを前面にアピールするのは逆効果。

まずはアフターのように、あなたと友達になれてうれしい、ということを伝えます。フェイスブックの基本ページやツイッターのプロフィールは、お店からすると宝物のような情報が詰まっています。

実店舗に来たお客様から家族構成、趣味や特技などを教えてもらおうとすると、それなりの時間と労力がかかります。それをソーシャルメディアは、つながった瞬間にあっさりと教えてくれます。

しかも、お客様が何を好きで、何を考えているか……記事を読むことで自然に共通の話題が増えていくのです。

それは、お客様があなたを「友達」だと捉えているからです。ソーシャルメディアで始まった「友達」との関係を、大切に育てていきたいですね。

Before NG例

○○さん、承認してくださってありがとうございます。
お会いしたいですね！

弊店では、４月８日からセールを行っています。

一度ご来店いただければ、うれしいです。


POINT **これはＮＧ。○○さんがもし自己主張のはっきりした人なら、もうあなたからのメッセージを受け取らないように設定する可能性も。**

「初対面の相手と話すとき、どんな風に言われたら安心するだろう。うれしいだろう」

そう考えて書き込む。

After OK例

○○さん、お友達になれてうれしいです。
ありがとうございます。書道５段なんてすごいですね。
字のきれいな方はうらやましいです。
実は私も最近習い始めたんですよ。
まだ７級になったばかりですけれど、
楽しみながらがんばっています。

POINT **特技や趣味にふれることで、基本ページを読んだことをさりげなく伝える。そして、自分も習い始めたという箇所で「共感」していることを書く。**
まずは、友達として信頼しあえる関係をつくることが先決…。

個人ページでは自分を理解してもらう

SNSが多くの人に支持されている理由のひとつに「プッシュ型のメディアとは違う」という特長があります。

特にフェイスブックやツイッターでは、好きなときにアクセスして、ニュースフィードから、気に入った投稿だけを読む。苦手な投稿はフォローしない。読むべき情報を設定で選ぶこともできます。

とはいえ、何も設定しなければ、あなたが自分の個人ページに書いた投稿は誰かのニュースフィードに流れます。

共感してくれれば「いいね！」を押してもらえるでしょうし、嫌だな、読みたくないなと思われたら非表示にする人もいるかもしれません。感じ方は読み手次第なので、万人に受ける投稿など無理に等しいのです。

だからこそ、伝えたい人に、伝わるように書きたいですね。

伝えたい人に、つながりたい人にあなたという人間がどんな人かを見てもらう――個人ページは、そんな場所です。あまり気負って書いても疲れるでしょうし、伝えたいことを飲み込んでしまうのも意味がありません。

どこが境界線？　売り込みとそうではない投稿

フェイスブックの個人ページでは、売り込み禁止、売り込みが苦手だという人も、そこに人間味や、本当にその商品を愛している気持ちを感じ取ったら、それを売り込みとは思わないでしょう。

結局のところ、**どこまでが売り込みで、どこまでがそうでないか？　はかなりの部分で個々の裁量による**と言えます。

きっぱりと線引きをするのはむずかしいものですが、自分が同じようにされたらどう思うか？　自分がその投稿を読んだらどう思うか？　それぞれが判断するしかありません。

また、あなたが日頃から「こんな人に読んでほしいな」「こんな人に買ってほしいな」と思うような人がもし身近にいたら、読んでもらうのもいいでしょう。

「フェイスブックを仕事でも使っているから、こんな投稿もしてるんだけど、どう思う？　率直な感想を聞かせてほしいな」と尋ねるのです。

「えー、こんなこと書いてるの？　ちょっと引くよ」となるのか？

「そうなんだ！　へえ、がんばってるんだね。今度その商品見せてよ」となるのか？

それによって、改善することもありえる話です。

「ビジネスに活用したいけれど、まだ個人ページをそこまでは使いこなせていない。思いの丈を込めても、それが他人には売り込みに映るかもしれないと思うと、不安になってしまい、思い切って書けない」

もし、そんな風に感じたら、**商用利用できるフェイスブックページでまず書いて、それを個人ページでシェアすると安心**です。

メッセージで売り込まないで

フェイスブックにもツイッターにもメッセージ機能があります。

そのメッセージで次のようなこと（「こんな売り込みは敬遠される」）があると敬遠されます。

誠実な関心を寄せる

リアルの友達のことをイメージしてみてください。

あなたは、その友達に最初から何かを売りつけたり、強引に勧誘したりしたことがありますか？ ないはずです。そんなことをしたら、信頼をなくすことを知っていますよね。ソーシャルメディアでも同じです。

それよりも、大切なことは、まず相手に純粋な関心を寄せること。

こんな売り込みは敬遠される

- フェイスブックで、さほど親しくない人から遠方の関心のないイベント案内が届いた
- フェイスブックで知り合った人からメールマガジンが勝手に届き、解除方法が分からない
- ツイッターでフォローのお返しに、こちらからもフォローしたら、ダイレクトメッセージで「いますぐホームページをご覧ください」とお店のアピールが届いた
- ブログで読者登録申請を受けた際、読者登録の後にメッセージで延々と自己ＰＲが届き、さらに「よかったら私のところにも来てください」と矢継ぎ早に催促された
- ブログで、会ったことのない人から「僕が尊敬する友人のセミナーがあります。よかったら、応援を手伝ってください」とメッセージが届いた

理解しようとすることが大切です。売り手目線ではなく、相手が関心のあることや、がんばっていること、得意なことに対して共感のメッセージを届けてみましょう。

そして「いいね！」やコメントであせらずに関係性を深めていくことです。

そのうえで、

「○○さんはキャッチフレーズの書き方に関心があると言っていたから、この講座がいいかも」

と教えてあげればいいでしょう。

相手に関心を寄せるメッセージ

- 本がお好きなのですね。私も読んでみたいです。
- 日曜大工がご趣味なのですか。ご家族がうらやましいです。
- お子さんの絵、上手ですね。いまにも動き出しそう。
- 甘いものはほっとしますね。今度そのカフェ、行ってみます。
- 北海道生まれなのですか。私も小学６年生まで住んでいました。
- ○○先生のお話、楽しかったですね。またお会いしましょう。

5 ガラス張りのソーシャルメディアで信頼されるには

壁に耳あり、フェイスブックに目あり

ソーシャルメディアは、よくも悪くもガラス張り。

フェイスブック上の行動は、公開範囲の設定や、プライバシーの設定をしなければ他人からも見えてしまいます。

（※設定を行えば、見えないようにすることもできます）

たとえば、あるイベントで「興味あり」のボタンを押すと、「前田さんは、○○のイベントに興味があると言っています」というお知らせも流れます。

だからこそ、人となりが分かり、信頼にもつながるのですが、見せたいことばかりではありませんよね。

仮に、私がUさんという人のブログが好きだったとします。Uさんが主宰するフェイスブックページにも登録。いつか話を聞けたらいいなあと思っていて、Uさんの記事もフィード購読しながら楽しみにしていたとします。

ところが、イベントページを見ると、結構Uさんは時間にルーズなことが分かったとたら……。

「皆さん、すみません。前の打合せが押してしまい、30分ほど遅れます」

「ごめんなさい。所用で行けなくなりました」

さらには、他の人のイベントページで、

「日にちを間違えていました。ディナー代を今度持って行きますね」

そんなコメントばかりだったらどう思うでしょうか。

「何だ、この人。言うことはいいんだけど、言動に行動が伴わない人だな」

と思うに違いありません。

「なるほどね」をひと工夫して

ソーシャルメディアでは、日和見主義な人はよく思われません。

いい加減な相づちばかりしたりしていると、その結果はいつしかボディブローのように効いてくるのです。

「なるほどね〜」も口ぐせにしていると、じっくり考えない癖がつきます。

人の意見に対してもどっち付かずであるように見えてしまうのです。

そこに下のように一言添えてみて。「なるほど」と納得したことの中身をもう一度自分に言い聞かせる働きもあります。

よく「なるほどですね」を連発する人がいますが、安直な印象を与えます。

「なるほど……ですね」の「……」の部分に意味があるので、なぜ、「なるほど」と思ったのか、自分はどうしようと思ったのかをプラスするといいでしょう。

そうすれば印象に残るコメントになります。

「なるほど」に一言添えよう

「なるほど！そこで一呼吸おいて考えたのですね」
「なるほど！やはり食事が偏ると、健康に良いわけはありませんね」
「なるほど！私も見習います」

気をつけて！　友達の友達は友達

Aさんという人が、1日にBさんの主催する会、Cさんの主催する会に参加したとします。Bさんの会には、

「仕事が残っているので」

と前半だけ参加しました。そして実はCさんの会に後半だけ参加したとします。

そして、Bさんの会では思うように自分をアピールする機会がなかったために、Cさんのタイムラインで次のように書き込んだとします。

「Cさん、今日は遅れたにもかかわらず自己アピールの時間をいただき、ありがとうございました。感謝しています。次回は前半から参加したいです！」

実は、Cさんの友達でもあるBさんは、

「Aさんの仕事、大丈夫だったかな。忙しいのに悪かったな」

と気になっていました。しかし、BさんはCさんのタイムラインでAさんの行動を知ります。

「仕事じゃなくて、Cさんの会にも顔を出したかったからなんだな。無理しなくても

いいのに」

と思います。

ささいな嘘ですが、いい気はしませんね。ソーシャルメディアはガラス張り、そして「友達の友達は友達」です。取り繕う必要がないように、誠実に接したいものです。結局は無理をしないのが一番です。八方美人になっても最終的に信頼を得られず、なんの成果にもつながりません。

しかし、本当に自分が付き合いたい人に対して「取り繕わず、省略せず、誠実に」対応するようにすれば、快適な関係がそこに生まれます。

そのためにも、相手の話を聞き、自分にとって大切な人や言葉を素通りしないようにしたいものです。

6 敬意の三角関係に気をつけよう

講師を立てるあまり、読み手に失礼になっていませんか？

人と人の関わりにおいて、相手を尊重することは当たり前です。

対面での1対1なら、目の前の相手に対して、ストレートに敬語を使えばよいでしょう。敬意の向かう先がひとつしかなく、シンプルです。

しかし、ソーシャルメディアでは、勝手が変わってくる場合が往々にしてあります。

たとえば、フェイスブックであなたに次のビフォーのようなイベントページの案内が届いたとします。どんな印象を受けるでしょうか。

イベントを立てるとき、主催者は講師に失礼にあたってはいけないと、ついつい敬語を多用しがちです。

ビフォーでも「○○先生は、～され、～され」と敬語を多用していますね。しかも、「させていただきましょう」は許可を得てその動作を行うときに使う、最上級の敬語表現。これでは受講生に、

「受講費を払っているのに。もっと私たちのことも大事にしてはくれないの？」

という思いを抱かせ、温度差が生じてしまいます。

ソーシャルメディアでのライティングがむずかしいのは、この「敬意の三角関係」があるからです。

主催者にとって、講師は尊敬する存在に違いありませんが、受講料を払い参加する人も「お客様」であり、同じように敬意を表すべ

Before　NG例

さまざまなメディアに登場され、大人気のカウンセラーのＳ先生（仮名）のトークライブです！
今回は、生のＳ先生によるモデルカウンセリングも間近に見られる絶好の機会。ぜひ、皆様。ご一緒にその真髄を学ばせていただきましょう！Ｓ先生は、東京大学卒業後、渡米され、スタンフォード大学大学院を卒業され、ＭＢＡを取得されました。しかし、あるとき人生の真理に目覚め、独学で心理学を学ばれ、独自のメソッドを確立されました、今テレビで話題沸騰のＳ先生は、このメソッドで、従来の概念をがらりと覆してくださいます。本当に素晴らしいと思っております。何とぞ、この機会をお見逃しなく！

After OK例

さまざまなメディアで見かける、今大人気のカウンセラー、S先生（仮名）のトークライブです！

今回は、なんとご本人直々のモデルカウンセリングもある絶好の機会です。

テレビで話題沸騰のＳ先生、そのメソッドは従来の概念ががらりと覆される画期的なものです。

ぜひ、皆様、ご一緒にそのメソッドを学びましょう。


〈S先生　プロフィール〉

東京大学経済学部卒業後、渡米。

スタンフォード大学大学院を卒業し、ＭＢＡを取得後、人生の真理に目覚め、独学で心理学を学ぶ。独自のメソッドを確立し、今に至る

POINT

フェイスブックのイベントページなど、読み手との関係が複数の場合は、「敬意の三角関係」に気をつける。「〜される」などの語尾を体言止めにしたり、人ではなく、ものを主語にしたり、プロフィールをまとめることで、敬語表現を少なくし、バランスをよくする。

き相手なのです。

ここに、メールのように、1対1で書く文章とは違うむずかしさがあります。

気をつけないと、「書いているうちに、誰に対してどのように敬意を表現すべきか分からなくなってきた」と混乱してしまいます。たとえ、関心があっても、敬語表現や、「!(感嘆符)」を多用した、テンションの高い案内文は、読み手を興ざめさせてしまいます。

「敬意の三角関係」においてバランスを取る方法とは?

さあ、どうすればいいのでしょう。客観性を保ち、本来伝えるべきことをしっかり伝えたいものです。主催者としては、講師に対する敬意も失したくない気持ちがあるはずです。

そこで、「敬意を抜きさる」のではなく、「敬語を使わなくても違和感を与えない」よう、アフターのように工夫してみましょう。

これだと、敬意を失することなく、講師・受講者との三角関係もよいバランスです。

7 タイムリーに書けなくてもいい？

毎回タイムリーに書くべきか？

人生は、ライフログ。ランチの時間においしそうな画像が上がってくると、「いいね！」もたくさん付いています。

仕事で使うSNSは、見込み客がアクセスしている時間に投稿すべきという意見もありますが、その時間にふさわしい情報を読めるのもSNSのよさ。

自分の判断で、ベストな時間に投稿しましょう。

タイムリーに書けないときもあるでしょう。いま誰といる、どこにいて打合せをしている……と全部の情報を書くと、知らず知らずのうちに、相手に迷惑をかける場合があります。

ツイッターにせよフェイスブックにせよ、ソーシャルメディアは「情報が流れ、多くの人に拡散する」もの。

特にフェイスブックは誰かが「いいね！」を押すと、その人の「友達」も記事を見に来る可能性があります。

いい意味でも、困った意味でも、それがフェイスブックの影響力であり、面白さ。だからこそ「どの情報をどの範囲までどのタイミングで公開するか」は、文章の書き方以上に気をつけて、書くことを楽しみたいですね。

リスクを避ける時間差ライティング

小さい子どもがいる人や、核家族の人は、あえてタイムリーに書かないのも方法です。

たとえば、仕事で遅くなったとき、出張しているとき、家族揃って旅行しているとき……子どもだけであることや、家が留守であることが分かってしまうことがあるからです。

そんなときは、少し時期や時間をずらして書くといいでしょう。

お正月休みのことなどは、1月の終わり頃に書いたって、誰も困る人はいません。

何も、「友達」を疑うわけではありません。ただ、情報を公開で書いていると、いろいろな人の目にふれるのです。

それは相応のリスクがあるということ。そのリスクをいかにコントロールするか、という問題なのです。

別段有名人ではなくても、いろいろな情報を公開することになる、ソーシャルメディア。

書くタイミングを考慮したり、公開範囲を限ったり、プライバシー設定をしたり、できる対策はしっかりとりましょう。自分の情報をコントロールできるのは自分しかいません。

8 期待しすぎないで ほどよく使う

いい記事をどんどん書くだけでは共感されないフェイスブック

文章を書くのが上手い人、専門知識を持っている人。こんな人と友達になりたくない、という人はいません。ところが、そんな人ほどソーシャルメディアでは気をつけてほしいことがあります。

それは「**ソーシャルメディアでは、書く内容だけではなく、タイミングや行動も、印象を左右する**」ということです。

たとえば、ブログ。いくら役に立つ内容でも、1日に何回もアップされたらどうでしょう?

その人の新着通知が届く設定にしていたら、メールボックスは新着通知で埋まってしまいます。

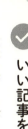

また、フェイスブックではニュースフィードがその人の記事ばかりになってしまいます。

せっかく役に立とうと書いた記事も、タイミングを誤れば共感を得られず、友達から削除される場合もあります。

そうならないための気配りとは、どんなものでしょうか。

文章が上手い人より、気配りのある人

ソーシャルメディアにおけるコミュニケーションは、気配りの有無にも左右されます。

実際の人間関係のように、相手を尊重するところから始めましょう。

たとえば、新着通知機能のあるブログを使っている場合、記事を頻繁にアップする場合は、事前に次のように伝えておきます。

「事情があり、1日5回ブログに記事をアップしているため、その度にあなたのメールボックスへ新着通知が届きます。設定を変更していただくと、この新着通知は送信されません。以下に変更方法を貼りつけておきますので、ご迷惑な場合はお試しくだ

さいね」

頻繁な投稿が絶対悪いということではなく、迷惑だと思われないように工夫すればいいのです。

また、フェイスブックで長文記事を書くときも、同様です。自分で判断して、適当な間隔やタイミングを見つけましょう。

ツイッターも同じく、自分がつぶやくだけではなく、共感した友達のつぶやきをリツイートしたり、リプライしたりしましょう。

あくまで、コミュニケーションツールだと心得てください。

相手に期待しすぎない

そうはいっても、気配りには限界があるのも実際の人間関係と同じです。人に期待しすぎないこと。相手の反応に振りまわされないこと。

ソーシャルメディアを無理せず使うためのポイントです。

もちろん、仕事で活用するなら、腰を据えて取り組むべきですが、個人の場合は「ほどよく」使うことも忘れずに。

「いつもあの人の記事には『いいね！』をしてるのに、私には全然『いいね！』してくれない。返事もたまにしかしてくれない」

と嘆く人がいたら、それは違います。

メールや手紙の間隔が個人個人で違うように、ソーシャルメディアに対する考え方も違って当たり前。自分のペースや考え方を友達に押しつけず、もっとおおらかに使いたいもの。

10対10でコメントしあうことだけが気配りではありません。

されてうれしいことも、ひとりひとり違います。

相手の立場に立ち、相手にとって一番うれしいことを考えてみるといいですね。

「されてうれしかったこと」を覚えておこう

自分のちょっとしたつぶやきに「いいね！」がついていた。自分の投稿にコメントをくれた。自分の記事が友達にシェアされた。友達の記事を何気なく読んでいたら、自分のブログを紹介してくれていた。

こういうサプライズは、人を幸せにします。

ソーシャルメディアで文章を書いていると、時々そんな風にプレゼントをもらったような気分になることがあります。

言葉の花束が届いたようで、1日中うれしいもの。

されてうれしかったことは覚えておいて、自分もまたその人に、あるいは誰かに同じようにしてあげたくなりますね。

9 あえてスルーする力も大事

アプリやイベント、無視していいの？

フェイスブックでは、イベントページを比較的簡単につくることができます。イベント案内もよく届きます。私の友人の何人かは、たくさん届くイベント招待に悩んでいます。

イベントやアプリへの招待がたくさん届いても、参加できないと心苦しく思う人もいるでしょう。ゲーム関係はしないと基本ページで公言していても、送る人はそこまで見ない場合がほとんど。

また、イベントなど、仲のいい友達から何度も誘いが来たりすると無視しっぱなしなのも悪いし……と悩む人も多いでしょう。普段から気配りの深い人ほど、同じような悩みがありそうです。

基本的に、フェイスブックのイベントページやアプリの推奨に関しては、無視しても問題がありません。

私はたくさんの主催者に会いましたが、ほとんどの人は次のように考えています。

「何度も送って申し訳ないなあ。忙しいってことは分かっているから、ダメモトで送るね。都合がよかったら読んでね。だから基本的にはスルー（無視）してね」

まかり間違っても、

「何度も送っても参加してくれないということは、私のことが嫌いなのかな。参加不参加の返事もないとは、迷惑なのかな」

などとは思っていません。

無視といえば、心が痛むかもしれません。が、準備で多忙なときに、わざわざ不参加メッセージを送って返信の手間をかけるより、あえて見過ごすほうが親切かもと考えてみてはどうでしょう。

あえて見過ごしてもいい。スルーする力も必要です。

ただし、次のような場合は、不参加なら丁寧にメッセージを送るといいでしょう。

「普段からとても尊敬している先生が遠方から来られて講演されるという案内が届いた。心のこもった招待状も届いている」

ソーシャルメディアでの対応全てに言えることですが、基本ルールはあくまで基本。**相手と自分の関係性を優先して判断**してください。

迷惑を最小限にするキャンセルの仕方

イベントなどに参加申込をしていて、急病・急用などで断らざるをえないことは誰しもあるものです。

会費が必要なイベントでは、かける迷惑が最小限になるよう、誠意をもって対応しましょう。

フェイスブックのイベントページは、参加申込が気軽にボタンひとつでできるため、当日になってドタキャンする人もいます。

「ドタ参、ドタキャンOK」

と書いてあるものは、それでも問題ないでしょう。

事前振込でない場合でも、キャンセルポリシーなどよく読み、主催者に連絡をした

明日のイベントをキャンセルする場合のメッセージ例（会費は会場支払）

Before NG例

明日のイベントに参加申込をしましたが、所用により、
不参加となります。よろしくお願いします。

After OK例

申し訳ありません。明日のイベントに参加申込をしましたが、やむをえない事情でどうしても参加できなくなってしまいました。本当に残念です。会費を振込したいので、口座をお知らせください。ご迷惑をおかけして申し訳ありません。

POINT

ビフォー例の「所用」には「重要な」という意味は含まれない。「仕事が入って」という理由も、好まれない。「～となります。」も主体性の感じられない表現。
急用・急病の内容を知らせるかは、時と場合による。アフター例のように、仕方のない事情であることが伝われば、特に明記しなくてもいい。
参加申込をキャンセルする場合には、なるべく早めにその旨を主催者に伝える。「所用のため」「仕事が入って」など相手が「軽視されている」と感じる表現は避ける。残念に思う気持ちも伝える。

上で必要なら後日支払いましょう。

主催者を困らせる筆頭は、料理の用意があるイベントでのドタキャンです。フェイスブックのイベントページでしか出席者を把握していないときに、スッと参加者リストから誰かが消えてしまう……。メールやメッセージや電話もなく、アイコンだけが消えてしまう物言わぬドタキャン。

全体が5人10人なら「あれ？　○○さんいない」と分かりますが、何十人というなかで誰かが声なく消えるとなかなか特定できません。ときには、開催間際まで気がつかないことも。

席数だけならいいのですが、料理を準備して、テーブルに並んだ時点で「あれ、誰かがいない」なんていうことになることもあります。かといって、参加者数にカウントされたままも、困った状態になってしまうのです。

そんなことにならないよう、**キャンセルが決まった時点で「参加しない」に変更して、その旨を直接主催者や担当者に直接メッセージ**するのがいいでしょう。

10 炎上を防ぐ！ 悪目立ちより静《しず》目立ちのすすめ

悪目立ちが招く黒歴史

バイト先で冷蔵庫に入ったり、食器洗い機で身体を洗ったり……一時期、バイトテロと呼ばれる悪ふざけの画像や動画の投稿がネットで炎上し、ニュースになりました。

企業やお店に多大な迷惑がかかるのはもちろんですが、投稿者も特定され、バイト先からは損害賠償を請求されます。

いったん投稿した画像や動画は、第三者がシェアし続けるので、簡単には消せません。いわゆる「黒歴史」です。

なかには、せっかく決まった内定を取り消される就活生もいるでしょう。

「ふざけているうちに調子に乗ってしまって」で済ませるには、あまりにも大きな代償が待っているのです。

とにかく、何でもいいから目立てばいいとばかりに、公式の場で騒いだり、ふざけたり、過激な発言をしたりする人。

他と違いさえすればいい。ありきたりや普通は嫌だ。そんな風に、ポリシーも何もなく、ただ目立ちたいだけの「悪目立ち」は、ただただ周囲を不快にさせるだけで決して支持はされません。それどころか、炎上騒ぎから黒歴史へと、マイナス面しかありません。

当たり前に「静目立ち」

悪目立ちや炎上の火種は、いつもどこかにくすぶっています。悪目立ちをしてしまう人は、心の根っこに孤独を抱えているのかもしれません。世間にかまってほしいのです。

いっぽうで、普通でもいい。目立たなくてもいい。当たり前のことを当たり前にして、しっかり自分の意見を持っている人がいます。そういう人のほうがずっと尊敬されます。

何気ない日々のなかで、自分らしい考え方や視点を磨いている人の発信には、時々ハッとさせられますね。

「静目立ち」とでも呼びたいような、輝きがあります。

ソーシャルメディアはとかく拡散性が注目されがちですが、コツコツと継続性のある発信をしながら、自分の軸を確立できる希少なツールでもあります。

日々の発信を続けることで、自分のアンテナが立ち、感度が研ぎ澄まされていきます。書いて共感されることが増えると、励みにもなります。

あなたの軸がしっかり通ったオリジナルな内容には、特定のファンがつき、信頼感が生まれるでしょう。

悪目立ちより、静目立ちにつながる、そんな発信を心がけたいですね。

11 コピペ、パクリ…著作権アウトとセーフの境界線

著作物を創作した時点で著作権が発生

ソーシャルメディアは、誰もが発信できる自由さを社会にもたらしました。いっぽうで私たちは、「コピペ（コピー&ペースト）やパクリ」など新たな問題も突きつけられています。

何がいけなくて、どこまでどうすればいいのか？ 知っておく必要があります。

以前なら著作権というと、一部の専門家が押さえておけば事足りました。しかし、ソーシャルメディアがビジネス上のセルフメディアとしても定着しつつある今、たとえ個人でも「知らなかった」で済ませることはできません。

著作権法で守られた著作権は、特許権や実用新案権、意匠権などと並び、知的財産

権の一つです。

そもそも、著作権著作物とは何でしょう？ 次のように定義されています。

「著作者の権利」によって「保護」される対象が著作物です。著作物は、著作権法では、「思想又は感情を創作的に表現したものであつて、文芸、学術、美術又は音楽の範囲に属するもの」と定義されています（第2条第1項第1号）。

著作権を特許権などと混同して、登録しないと権利を主張できないと考える人がいるかもしれませんが、その必要はありません。**著作権は、文章や絵画など著作物を創作した時点で自動的に発生**します。

これは、無方式主義と呼ばれ、一部の例外国を除いて万国共通のルール。日本はもとより、海外の文章や画像なども無断利用は許されません。

他人のブログ記事をコピペして、あたかも自分の創作物のようにブログに掲載することもしてはいけません。「趣味のブログなら私的使用のための複製だし、自由でしょう？」と考えるかもしれません。しかし、不特定多数が読むことのできるブログは、私的使用の範囲を明らかに超えています。

逆の視点で言えば、あなたの著作物も法によって守られるということです。

詳しくは、文化庁のサイトを参照してください。


数学の教科書は著作物ですが、そのなかの公式などは著作物ではありません。

料理の手順は著作物にあたりませんが、手順を創意あふれる文章や動画にしたものは著作物にあたる可能性が高いです。

仮に、ある曲の歌詞に「前を向いて」というフレーズがあったとします。

その曲を知らずに、あなたがある日ブログ記事のタイトルに「前を向いて」と書いたと

著作物について～文化庁サイトより

著作権法で保護の対象となる著作物であるためには，以下の事項をすべて満たすものである必要があります。

(1)「思想又は感情」を表現したものであること
→ 単なるデータが除かれます。
(2) 思想又は感情を「表現したもの」であること
→ アイデア等が除かれます。
(3) 思想又は感情を「創作的」に表現したものであること
→ 他人の作品の単なる模倣が除かれます。
(4)「文芸，学術，美術又は音楽の範囲」に属するものであること
→ 工業製品等が除かれます。

しましょう。この場合、「前を向いて」というフレーズだけなら、誰でも思いつくような一般的な表現で、創作的とは言えません。つまり、著作権の侵害にはあたりません。

このように、何が著作物に含まれ、何が除外されるかは、かなり複雑です。

また、著作権は著者の死後50年を経ると、権利が切れてしまいます。パブリックドメイン（PD）と呼ばれ、自由に使うことができます。

ただし、著作権には、著作者人格権と財産権があります。著作権が財産として第三者に渡った場合には、著作者の死後50年を経ても権利者以外の他人が自由に使うことはできません。

かなり複雑ですが、私も気になったときは、その都度、文化庁のホームページで確認しています。

正しい引用の仕方とは？

他人の著作物を許可なく無断で使うことは禁じられていますが、例外もあります。

それが「引用」です。よく、新聞や雑誌の記事を「一部引用」として示しているものを見かけますね。

ニュースを読んで、それについての見解を示したいときなどに引用します。

ただし、どんな風にでも引用していいわけではありません。あくまで、あなたのオリジナルな文章がメインになり、注意点をあげますので、気をつけて引用してください。

フリー素材を活用しよう

ここまで、許可を得ないと使用できない著作物について書きました。

最後に、商業利用も含めて、すでに許可されている素材の活用法についてです。

インターネットで検索すると、有料・無料のさまざまな著作権フリー素材に行き着きます。

たとえ、フリー素材と書かれていても「商用利用が許可されているか、私的利用に限るのか」「改変は自由か、そうでないか」によって、扱える範囲が限られることもあります。

また、勝手にまとめサイトに掲載されている画像の場合もあるので、オリジナル画像が置かれたページを必ず確認します。

あらかじめ利用登録してから使う画像サイトなら、カメラマンも明記され、著作権や利用範囲が明記されていて安心です。

著作物を引用する際のポイント

公表作品のみ

→公開記事やニュースなど、公表されているもののみ。私的なメールや手紙、スマートフォン、デジカメの画像などは「未公表作品」であり、同意を得ない限り、使用不可。

引用部分とオリジナルの区分をはっきりさせる

→「ここからここまでが引用部分」と明快に区分けする。

引用元との主従関係に気をつける

→ニュース記事などをたくさん引用して、それに一言加えるなどは不可。あくまで、自分の書いた文章などが主でなくてはならない。

引用部分は改変しない。

→引用するなら、一字一句その通りに。元の著作を勝手に変えない。

出典を必ず明記する

→著作者や作品名、サイトなど引用元を明記する。

第5章

「学び」を進化させるSNS活用法

——情報交換・目標達成・人脈づくり…

1 ネガ語をポジ語に言い換えれば、意識が上を向く

言葉が意識をつくる

何かにチャレンジしたい。

明日は今日より成長したい。

今日より明日をよくしたい。

もし、あなたがそう思うなら、ソーシャルメディアをうまく使えば、いい支援ツールになります。

ひとりなら怠けてしまいそうなことも、人目にふれる場所で言葉にすると続けるしかなくなります。

言葉は意識をつくるもの。書くことで最初の意識付けができるからです。

今がんばっているこの時間が、明日につながって、未来をつくっていくのです。

隣の芝生が青くても

フェイスブックでは、趣味、仕事、交流会など、「リア充（リアルを充実させていること）」な投稿でいっぱいです。

読む側は、いつも同じ心境とは限りません。自分がうまくいっていないときに、リア充な投稿を読んで、さらに落ち込んだ経験はありませんか？

気分が下降しているときに、他人のリア充投稿を無理に読む必要はありません。

大事なグループの連絡事項やメッセージなどさえ押さえておけば、後はSNSをそっと離れましょう。コメントを休んだところで、大きな問題は起きません。

それでも、気になって見てしまい、マイナスな気持ちが言葉になると、ネガ語になってしまうのですね。

言葉には、ポジ語（ポジティブな言葉）とネガ語（ネガティブな言葉）があります。

あなたの投稿が、ネガ語の記事ばかりだと友達はどう感じるでしょうか。読んだ人はあなたのことを書き込みで判断します。

「根が暗い人だな」

「読むとこっちまで落ち込んでしまうな」

と感じる人がいるかもしれません。

たとえば、左上のような投稿です。

書くことで気持ちの整理がつくことはあります。普通の日記ならそれでいいのですが、ソーシャルメディアの場合には、つぶやきや投稿が関わりのある人の目にふれてしまいます。

仕事を頼んだ人は、

「打合せで疲れさせてしまったのかな。悪かったな」

と思います。セミナーを主催した人は、

「役に立たなかったのかな。これを講師が読んだらどう思うだろう」

と感じます。


今の自分に足りないことを数えればきりがありません。それもまた、伸びしろがあるということ。そして、ログを残すということは、どこかに「成長したい」という気持ちがあるからです。

ネガ語ばかりの記事の例

「今年ももう、あとひと月しかありません」

「打合せでぐったり疲れました」

「今日のセミナー講師の話は当たり前のことばかりでした」

「不合格だったらどうしよう。そう思うと眠れません」

「話をするのが下手なんです」

ネガ語をポジ語に書きかえる

●**「もう、あとひと月しかありません」**
➡「まだあとひと月あります。できることをがんばります」

●**「打合せでぐったり疲れました」**
➡「打合せで疲れましたが、皆でプロジェクトを成功させたいからこそ。心地よい疲労感です」

●**「今日のセミナー講師の話は当たり前のことばかりでした」**
➡「今日のセミナーでは、当たり前の話もあったのですが、考えてみれば当たり前のことをきちんとやっているかと言われたら、そうでもありません。学びを着実に実践していきたいと改めて思いました」

●**「不合格だったらどうしよう。そう思うと眠れません」**
➡「やるだけのことはやりました。今日はしばらくお預けにしていたワインでも飲んで、ぐっすり眠ります」

●**「話をするのが下手なんです」**
➡「話をするのが上手くはありません。その分、せめて心を込めて人の話を聞きたいなと思っています」

それなら、いっそ**後で読み返したときに、少しでも気持ちが上を向くように書いてみたい**ですね。

振り返りをしても、気持ちがいいように書くと、ソーシャルメディアを使う意味があるというものです。

同調して寄り添うか、ポジコメで返すか

ソーシャルメディアでは、投稿だけでなく、それに対するコメントも人の目にふれます。

もし、あなたの友だちが落ち込んでいて、思わずネガ語で投稿したら、どうしましょうか。一緒に落ち込む、励ます……いろいろあるでしょう。

相手の性格にもよりますね。その気持ちを受け止めて、ポジティブになれるコメントをしてもいいでしょう。

ポジコメ（ポジティブなコメント）ができる人は、実生活でも自然にいいコミュニケーションができそうです。

ネガ語の投稿に同調コメント＆ポジコメント

●失敗した人に

同調 ➡「落ち込むよねえ。私なんか１年以上這い上がれなかったよ」

ポジ ➡「大丈夫！成功に一歩近づいたね」

●怪我をした人に

同調 ➡「きつかったねえ。まあ、神様がくれたお休みだよ」

ポジ ➡「大変でしたね。日にち薬です。あとは、快方に向かうだけですね」

●転職・方向転換した人に

同調 ➡「そう簡単に天職ってないもんだよね。一緒にがんばろう！」

ポジ ➡「向いてるかも！ きっと新しい才能が開花しますよ」

●自分は根暗と語る人に

同調 ➡「でも私は、一緒にいると気が楽だよ」

ポジ ➡「そこまでいけば、個性ですよ。独自の世界を開花させて！」

2 今日の自分が明日の自分をつくる

趣味や日課を目標達成アプリで残す

未来は今日の積み重ねでできています。

明日のあなたは、今日のあなたがつくっています。

どんな今日を過ごす方、未来につながっているのですね。

何をやっても三日坊主という人、いませんか?

そんな人は、ソーシャルメディアを活用するのもひとつの選択肢です。フェイスブックやツイッターでは、趣味や日課を続けるためのアプリがあります。

ダイエット、ランニング、勉強、習慣化……目的別にいろいろです。

記録に残せたり、仲間と一緒にがんばれたりするところがいいですね。

毎日の積み重ねがグラフなどの目に見える形になるので、自分の努力を確認できます。さらに、それを見た人が褒めてくれるので、自然とモチベーションが高まるでしょう。

日課支援アプリ、目標達成アプリと呼ばれています。

興味がある人は探してみてください。

幾つになっても成長できる

学校だけが、学びの場ではありません。

卒業しても、学べるチャンスはたくさんあり、多くの人がチャレンジしています。

いろんな資格取得を目指したり、試験の合格に向けて勉強したり……。

でも、試験勉強は孤独なもの。心がくじけそうになることも多いはず。

ＳＮＳで励ましてくれる仲間がいるとがんばれますね。ぜひ、フェイスブックやツイッターを活用しましょう。目標を発表したり、試験勉強の進み具合を報告したり、情報交換をしたり。

ただ、気をつけてほしいことがひとつあります。

遠慮深い人だと、その声にひとつひとつ答えているうちに勉強する時間がなくなってしまうかもしれないということです。

それでは本末転倒です。応援しているみんなも、コメントの返事で時間を取るつもりではないのですから、そんなときはまとめコメントで、コンパクトにしてみてください。怒る人は、きっといないと思いますよ。

コンテストやクラウドファンディングにチャレンジ

Tさん（京都在住・コーチ）は、ある日海外のコンテストに動画でエントリーしました。そのコンテストは、24カ国から2500人以上が集まり、世界的な課題解決に役立つようなチャレンジを目的とした会議です。

Tさんは、その予選に参加し、英語でスピーチ。

「勇気を振り絞ってチャレンジしているので、応援してください」

とフェイスブックで呼びかけました。

すると、「かっこいい！ 応援します」というコメントが次々に寄せられ、英語で書かれた投票ページから皆が投票しました。

何かにチャレンジするとき、応援してくれる仲間がいるのはとても心強いこと。そして、応援されるTさんも、普段から仲間のために力を惜しまない人です。

私たちは、一人だけれど、一人ではない。力を合わせて何かができる。

そんな希望をもたらすのも、ソーシャルメディアです。

他にも、貢献性の高い事業のために、クラウドファンディングで資金を集める例も増えています。

よりよい社会のためにソーシャルメディアを活用できるような取り組みが、今後も増えていくことと期待しています。

3 「私も学びたい」と思われるシェアをしよう

有効なシェアは学びにつながる

フェイスブックを使っている人には「共感を通してつながり、好きなことがあれば加わり、人生を豊かにしたい」と考えている人も多いと思います。有意義な学びは、自分の人生へのギフトです。その豊かな贈り物を、自分以外の人にもシェアできれば、それは「お福分け」ですね。

イベント以外にも、ある記事を読んで「私以外の人にも伝えたい」とシェアする場合があります。

緊急性の高い記事だけでなく「役に立った、幸せな気分になった」という気持ちからシェアされる情報も含めてです。

ついつい「私が尊敬する○○さんの記事です。ぜひご覧ください」という書き方になりそうです。

けれど、そんな贈り物のような情報をシェアするときは、読者がうれしくなるような言葉のリボンをそっとかけたいですね。

すると「なぜ、シェアしたいと思ったか」が伝わります。

「シェアしてくれてありがとう」

「素敵な物語に出会えてよかった」

とお礼のコメントが届くでしょう。

学びの場は時空を超えて

実際に対面したいけれど、できない。そんなときでも、今はスカイプやフェイスタイムなどを使って会うことができます。

シェアする記事にかける言葉のリボン

- 動画のシェア／言葉が通じなくても心が通じる。まさに愛が国境を越える瞬間ですね。
- 記事のシェア／我が身に引き寄せて「ありがちだなあ」と反省すると同時に、私も同じような場面ではこのように接したいと思いました。
- 記事のシェア／春間近。一足早く春が来たように感じる温かな物語です。
- 写真のシェア／いままでに見た中で最高のダイヤモンド富士。縁起がいいです！

ブログ、フェイスブック、ツイッター、LINE@など、ソーシャルメディアを通じて知り合った人と、オフラインのつながりに発展することも珍しくなくなりました。

思いを込めて放った言葉が瞬時に海を越えて届く。すごい時代に、私たちは生きていますね。ときには、長年の友人のように理解し合えることもあります。誠実に相手と向き合えば、ネットでもリアルでも互いに信頼を育むことはできるのです。

ただし、ネット上の交流では、リアル以上の心配りが必要であることも確か。特にソーシャルメディアは、ひとりひとりにちゃんと向き合えてこその「場」です。

「文章は人なり」が行動レベルで伝わるソーシャルメディア

「文章は人なり」と言いますが、ソーシャルメディアほど書いた文章によって人柄が分かるメディアはありません。ソーシャルメディアで文章の書き方について質問を受けます。

「この書き方で迷惑にならないだろうか」
「こんなことをグループページに投稿して大丈夫だろうか」

と、一般的な文章とは離れたところで悩むのが、ソーシャルメディア。

コメントをもらったら、すぐに返事をする人。ゆっくりでも、丁寧に書く人。自分がソーシャルメディアに引き込んだからと、責任を感じて友達を増やそうと紹介してくる人。

ソーシャルメディアではいろいろな人がいます。登録してある程度時間が経てば、新たなつながりも増え、いろいろな意見にぶつかって悩むかもしれません。

でも大丈夫。何度も言っていますが、ソーシャルメディアの使い方で「これが正解」はありません。いろいろな人がそれぞれ好きな意見を言うように、あなた自身がやりやすい使い方をすればいいのです。

集団的知性という宝物

ブログの炎上はなかなかすぐに収束しませんが、フェイスブックやツイッターなどではおさまるのが比較的早い傾向があります。

それは「集団的知性（Collective Intelligence)」が働くからです。

集団的知性とは、人々が協調しながら、複雑な問題解決をしたりするコミュニティ的能力のこと。その集団的知性が発揮されやすいということです。

たとえば、ツイッターに投稿したある記事が炎上したとします。その炎上ぶりはフォロワー全員に共有されます。そこで、何が問題でどこに解決策・妥協案・落としどころがあるかを冷静なフォロワーが提供するため、比較的沈静化が早いといえるでしょう。

特に、商品やサービスの不備を消費者が指摘し、早期に企業が対応して修正や謝罪、指摘に対する感謝を示した場合には、その傾向が強くなります。人も企業も姿勢を問われていると言えます。

これは、閉じた場所で冷静な判断を失いがちな「群衆心理」とは別のものです。独自の考えを持った人々が、多様に存在する空間ならではですね。

ネガティブな投稿を、褒めて諭す

集団的知性は、「社会全体がよい方向に進む」ためにも、発揮されます。つまり、誰かがネガティブな発言をしても、全面的に否定せず、よい方向に持っていこうとする力が、ソーシャルメディアでは働きます。

たとえば、Aさんがあるコンサルタントに大変失礼な対応をされたとします。怒り心頭に発したAさんが、思わず下の例のような書き込みをしました。確かにネガティブな投稿です。けれども、Bさんが褒めて諭すコメントを返したのです。このBさんのあとに、

「いるよね〜、そういう勘違いコンサル」

とはなかなか書きにくいものがあります。

Aさんだけでなく、その周囲の人までもよい方向に導こうとする、おだやかなBさんの知性を感じます。ソーシャルメディアがもたらす希望を、見ることができます。

ネガティブな投稿を、褒めて諭すコメントの一例

Aさん「午前中、頼みもしないのに、あるコンサルに上から目線でああだこうだと言われた。でも、その日の午後に、素人のお客さんに言われたことのほうがよほど役に立った」

Bさん「えらい！どちらからも学べたんだね。さすが」

4 本の感想を書くときのポイント

アマゾンレビューとソーシャルメディアのレビュー

アマゾンの書評も有用ですが、匿名だから率直に書けるということは、ポジティブなこともネガティブなことも書けるということです。なかには著者の人間性まで否定するものもあって、関係のない人までどんよりした気分になることがあります。

一方、ソーシャルメディアのレビューではさほどひどい中傷は見かけません。実名で発信されるということに加えて、集団的知性がうまく作用しているからだと思います。

足りていることへの感謝

「全てを鵜呑みにしない」は、情報に接するときの心構えです。

日本人がこれまで優れた製品やサービスを生み出してきた背景に「不完全なもの」を許さない潔癖性や、顧客至上主義があります。

しかし、ゆったりと俯瞰《ふかん》する姿勢も必要です。「足りているもの、そこにあるもの」を認めて、敬意を払い感謝する。これからの新しい日本をつくるひとつの視座だと思います。

いつだったか、ある本が書評メルマガで「立ち読みで十分」と書かれているのを読んだことがあります。愕然としました。それなりに売れている本です。同じ書き手として、悲しくも感じました。たとえ個人のメルマガやブログであっても、いくばくかの影響力があるというのに。

第一、その人にとって参考にならなくても、他の人には役に立つかもしれません。読むタイミングにもよります。合理的な読み方だけが、人生に必要とは思えません。道草をしたり、立ち止まったりする読み方も、後々になって考えれば、その人をつくっているのです。

「吾唯知足（われただたるをしる）」

京都・竜安寺にある蹲踞《つくばい》に刻まれている言葉です。知の欲求は際限がないもの。しかし、どんな本でも一つくらいいいところはあるはずです。

フェイスブックでは、誰がレビューを書いたかが明解です。ソーシャルメディア時代の読書は「誰がすすめているか」に左右されます。読む人も「〇〇さんが紹介するなら、いい本だね」と思う可能性が高いので、無責任なレビューは書けません。けなす必要はないいっぽうで、有用性の低い本を絶賛するのもよいことではありません。

では「読みたいな」と思われるレビューはどんなものでしょうか。

人それぞれかもしれませんが、私の場合は「新しい発見がありそうだ」と感じるレビューがそれです。

知らないことを知りたい。知らないことを知っている著者の視点を知りたい。そこにある価値を手に入れて、使ってみたい。

そう思わせるレビューの一つは「読んだ結果」が書かれているものです。「眼から鱗が落ちた」という結果ではなく「読んで、どう行動したか」という結果です。

実用書のレビュー例

ダイエット本／いいです、この本。朝電車の中で読んで、その日から即実践。椅子に座ったままでもできるダイエットなので、デスクワークしながらでもできますよ。

料理本／忙しい主婦の救世主！　つくり置きにあこがれていたけれど、どんな材料や味付けがつくり置きに耐えられるのか、今まで不安だったんです。これでもう、朝はご飯を炊くだけ。おかずは冷蔵庫から取り出して詰めるだけ。夢のようです。

文学作品のレビュー例

夢中になった本／ついつい読みふけって、気がつけば朝でした。下巻の発売が待ち遠しい！

人生の学びを得た本／スピード感があって、面白い！さらに主人公の言葉は、人生の大事なことも教えてくれるものが多いので、２度目はゆっくりそれらの言葉を書き出しながら読んでいます。ビジネス書でもないのに、付箋でびっしりになってしまいました。

耽美な世界の中にも名言が見つかった本／○○さんの物語は、独特の美しい世界に引き込まれながら、現実世界でも真実と言える名言に出会えることが多いのです。今回の本も、宝物のような名言に出会えました。たとえば…略…これから先、人生の岐路に立った時、この物語を思い出すでしょう。

たとえば、その本が一流の経営者によるものなら、その思想が体現された場所を体感したいと思うでしょう。お店であればそこへ行き、どこにどう活かされているのか、足を運びたくなります。

大切なことは、本の中ではなく、本の外にあると思うからです。

小説やノンフィクションのレビュー

ビジネス書と違い、小説の読み方は人それぞれです。

好きな作家によっても違うし、どう活かしたいかによっても違います。哲学書に通底するほどの学びを得たいと思う人も、なかにはいるでしょう。仕事に活かしたいと読むこともあるでしょう。が、おそらく、誰でも納得できる「面白い小説」とは、「時間を忘れて没頭できる」ものだと思います。

本を読むという行為は、相応の時間を必要とします。どのようにシェアするか以前に、読んでよかったと思える、血肉となるような読み方をしたいものですね。

5 興味や関心が「望む出会い」を連れてくる

望む出会いをフェイスブックで引き寄せる

「不思議なんです。最近、会いたい人と会える機会が増えてきました」

ソーシャルメディアを通じての出会いが増え、こんな声を耳にします。その出会いは偶然ではなく、ひとつひとつの機会を自分で選んできた積み重ねによるもの。ソーシャルメディアで誰かのつぶやきや記事を読み、感度が合うと思えばつながり、さらにその友達の……そんな風につながっていけば、会いたい人に出会える可能性は加速度的に高まります。

「あ、楽しそう」

「へえ、面白いかも」

日々の暮らしでピンときた、そんな日常の小さな情報。その積み重ねが、あるとき突然、変化をもたらします。求めていた情報をピンポイントで得ることができたり、ほしい情報が勝手に飛び込んできたりする機会が増えていくのです。

自分の情報が誰かの役に立つ

ツイッターやブログで、自分の発信した情報が誰かの役に立つことがあります。

看護師のKさんは、HSP（Highly Sensitive Person／人一倍敏感な人）という気質についてブログを書いています。まだあまり知られていない情報かもしれませんが、同じ気質を持つ人は「私もそうだ」と思うに違いありません。もっと知りたいと調べもするでしょう。

悩みを持つ人や困っている人、支援を必要とする人、そして支援したい人。これまでバラバラで、どこにあるか分からなかった情報が、ソーシャルメディアによって必要な人のもとに届き、人と人とをリアルに結びつける……これからの時代の、新しい関係性の生まれ方だと思います。

ソーシャルメディアローカルに気をつけて

出会いたい人と出会う。思いが実現する。自分の情報が誰かの役に立つ。ソーシャルメディアは、人と人のコミュニケーションに、有効に働く理想的なメディアです。

ただし、気をつけたいことがひとつあります。

それは、ソーシャルメディアの情報に偏りすぎること。

タイムラインに流れてくる情報を見て、「何だかコメントしづらいなあ」と思ったことはありませんか。投稿の下に続く、常連友達からのコメント。「わあ、盛り上がっていて楽しそうだなあ、いいなあ。でも、もしかして自分がコメントしたら、雰囲気を壊してしまいそう……」

そんな気持ちになったことはありませんか。

リアルで言えば、常連さんばかりのお店のような「場」。一見さんにはちょっと入りにくい……そういう場所が、ソーシャルメディアにはあります。

グループページやフェイスブックページだけでなく、誰かが書いた投稿も、その「場」

になりえるのです。私はそれを「ソーシャルメディアローカル」と呼んでいます。地図上のローカルではなく、情報のローカル。偏りすぎると、広い視野が持てなくなったり、違う分野の人の意見に興味が持てなくなったりすることがあります。

単眼ではなく、複眼で捉えたい。常に情報を俯瞰したい。そう考えたとき「情報のローカル偏重」は、小さな危機にもつながります。

心がけたいのは、ニュートラルであること。地図上のリアルな座軸に足を置いて遠くを眺めること。意図せずして、出会う人、もの、情報も大事なことを教えてくれるはずです。

6 深まる学び! 仲間がいるから成長できる

ブログ+フェイスブック+ツイッター+リアルの場で学びと交流

「学ぶチャンスと学ぶ仲間」を尊重し、互いに高め合いながら地元を盛り上げようと、場づくりをしているAさん（広島県／NPO運営）。県外からも講師を招き、月に1度の「夢を叶える月一勉強会」を開いています。

リアルの場での勉強会や交流会はもとより、ブログに加えて、フェイスブックのグループページ+イベントページ、そしてツイッターで情報発信を行っています。

Aさんの周りにいるメンバーも、その情報をシェアするなどして盛り上がるので、イベント当日の会場には、開始前からすでに活気があります。

暗黙のルールか、ローカルルールか

フェイスブックでもリアルの場でも、コミュニティには実にさまざまな人が集まります。育ってきた環境も、仕事も、年齢も、家族構成もバラバラです。

その多様性こそが、新しい価値を生み出します。

「○○さんは、そう考えるの？ 思いもよらなかった！」

自分とは違う考え方が、新しい気づきと創発を促します。


そのなかで、どんな風にルールをつくるか。

考え方や感度が似ている人が集まっている場合は、暗黙のルールですむ場合もありますが、心配なときは、きちんとメンバー全員で話し合っておくほうがいいでしょう。

特に、グループページについては仕事で連絡ボードとして活用するケースもあるので、必要に応じて簡単なルールがあると、あとで「しまった」ということにならずにすみます。

たとえば、個人的なブログの更新情報を頻繁にアップする人がいると、管理人からの重要な案内が埋もれてしまうようなこともあります。

投稿は誰でも自由にできるのか？ 承認制にするのか？

それ以前に、グループ参加は管理人だけの承認にするのか、他のメンバーも承認できるようにするのか？

管理人が設定できることもあるので、確認しておきます。

7 コメントで文章の瞬発力を磨こう

ブログやフェイスブックでお気に入りを見つける

ソーシャルメディアで文章を書くときに「自分は何を書こう」と悩みませんか？

話し上手は聞き上手、と昔から言われていますが、文章でも同じことが言えます。

つまり、書き上手は読み上手。

まずは、自分がいいと思う文章にたくさん出会いましょう。さらに、お気に入りのブログを見つけて、その日まで更新されている分の記事をしばらく読んでみましょう。

継続的に読むことで、その文章がどんな視点で、書かれているのかが見えてきます。

役に立つ、面白い文章と自分の文章は、どこが違うのか？　客観的に比較・観察し、よい点は取り入れていきましょう。

コピペ（コピー＋ペースト）は著作権の侵害になるので論外ですが、表現や論理の展開など研究し、よい部分は参考にしましょう。

コメント量稽古で瞬発力を磨く

お気に入りのブログには、コメントを書き入れてみましょう。コメントを積極的に書き込むと、発信者と友達になることもあります。

また、フェイスブックではさらに気軽にコメントできます。

自分の投稿に「いいね！」をくれた人の投稿を読み、共感できるところがあれば、コメントを返してみましょう。長文である必要はありません。短くコンパクトに、気のきいたコメントを返してみるのです。

あるいは、タイムラインに流れてくる投稿に、コメントを残していくのもいいですね。

「どんなコメントなら喜ばれるかな」
「どんなコメントならいい関係が築けるかな」

コメントひとつにも気持ちを込めれば、ちゃんと伝わります。

集中的に読み、書く。多彩な情報を一度に読んでみる。そうすると、情報同士が頭の中で相互作用を起こして、新しいアイデアが生まれることも多いのです。

自分がしてほしいように、人に接する

「いいね！」もうれしいのですが、コメントをもらえば、さらにうれしいものですね。フェイスブックを始めて、投稿したはいいけれど、全く「いいね！」がつかないと思ったあなた。もしかして、友人の投稿を読んだことがないのでは？「いいね！」をしたことがないのでは？

フェイスブックは、交流の場です。投稿して「いいね！」やコメントをもらうだけでなく、友人の投稿に「いいね！」やコメントをすることで、関心が行き交うのです。

時間がないのに、無理をしてまでそうすることはありません。が、自分の投稿への反応ばかり気にして、他人に全く関心がないのなら、SNSを使うこと自体、あまり意味がないと言えます。

できる範囲で互いにコメントをやり取りすると、濃い交流につながるでしょう。そ

の人の考え方や、物事への接し方が分かったり、趣味が分かったり……そうなると、実際に対面したときも、親密度が増し、距離が近くなります。

友達よりひとつ重めのレス

「いいね！」返しが負担になっている人もいるかもしれません。毎回お返しができない。そのプレッシャーがＳＮＳ疲れのモトです。

「いいね！」返しに躍起にならなくてもいいので、その分「いいね！」よりうれしいことを時々お返ししてみませんか？

それは、相手の「いいね！」よりひとつ重めのレス。「重め」というのは「重要感」ということ。

まず友達の記事をちゃんと読みます。ブログのリンクがあればブログを読みます。そうして理解したうえでコメントをするのです。当たり前と言えば当たり前ですが、実際、記事を書き終わって直後に「いいね！」がつくこともありはしませんか？　リンク先のブログは、何秒とかで読める長さではないというのに。

だからこそ、です。毎回は読めない分、コメントするときは、ちゃんと読んで、ちゃんと書きたいなあ、と思うのです。

まず、自分の記事に「いいね！」をしてくれている友達のところに行きます。そして「いいね！」だけでなく、コメントを書きます。そのとき、「友達の最近のタイムラインを読んで当然分かるようなことを尋ねない」よう気をつけます。

たとえば、つい2、3日前の記事で「東京で講義をしました」とあるのに、それを読まずに、

「すごいご活躍ですね。そろそろ東京で講師デビューでしょうか」

とコメントしたら？　かえって逆効果、ですよね。

こうした対応は、実はリアルと同じです。会う前にブログを読めば分かるようなことを尋ねて、しまったと思うことはありますね。思い当たる人は、友達にちゃんと関心を寄せ、それを示しましょう。

毎日全ての記事を読むことは無理でも、その日に会う人の記事を読んでおくのはさほどむずかしいことではありません。

「シェア」をされたら友達はうれしい

さて、記事によってはコメントよりも、シェアのほうが喜ばれる場合もあります。

コメントした内容は、友達のタイムラインの親記事の下に残ります。しかし、書いたあなたのタイムラインには反映されません。

一方、シェアの場合には、シェアしたあなたのタイムラインに掲載されます。

もし、100人の友達を持つAさんの記事を、3000人の友達を持つあなたがシェアしたら?

Aさんの記事は、あなたのタイムラインに反映され、あなたの友達にも読まれるわけです。Aさんがたくさんの友達に記事を読んでほしいなら、シェアは喜ばれるはずですね。

基本的に公開投稿はシェア歓迎のことがほとんどです。

友達投稿の場合には、例のように尋ねてみるといいですね。

シェアしていいかどうか尋ねる場合

じ〜んとくるお話ですね。
あたたかい気持ちになりました。
私の友達にも教えたいので、シェアしていいですか?

8 リアルでもコメント力を鍛える

ソーシャルメディア時代の「返報性のルール」とは

人は返報性の生き物です。投げたボールは、投げたように返ってきます。強く投げると強く、弱く投げると弱く戻ってきます。

「この人、好きだなあ」

「いつもいいこと、書いてるなあ」

そう思ってコメントすると、相手も同じように感じてくれる可能性は高いのです。

「返したように返される」、それ以上でも、以下でもありません。弱く投げたボールが大きく弾んで戻ってきたりはしないのです。

「返報性のルールを利用すれば、小さな貸しで大きなリターンが得られるんですよ」

そう語る人がいます。

しかし、それは期待しすぎ。

「返報性のルール」は「投げたように返される」「返したように投げられる」の等価型です。

コミュニケーションが、より一層「個対個」になっているのです。「1 to 1」は、あくまで。「1 to 1」。それが「1 to 100」になるかもという下心は持たないほうが賢明です。

素の自分が意外と見え隠れするのが、ソーシャルメディア。作為的なことはあまり好ましく思われません。

リアルの会話がトレーニングになる

ソーシャルメディアでの「1 to 1」コミュニケーションが、リアルでも同じだということは、考えてみればラッキーです。

リアルで会話している時も、コメント力を鍛えるつもりで話してみましょう。

これが、ちょっとしたトレーニングになるのです。

語りかけられて、即座に何となく返しそうなところを、ほんの1、2秒「どう返すか」と考えながら返してみます。

たとえば、約束の場所に30分早めに向かったのに1時間電車が遅れた場合、「すみません、早めに出たんですが、電車が遅れて」と言い訳をしがちです。が、遅れたことに変わりはありません。言い訳がましく感じさせるだけです。

「申し訳ありません。私のミスです。30分早めに出たのですが、この時期の○○線は遅れがちだとさらに余裕を持つべきでした。以後、気をつけます」

こう言い換えると、主体性のある人だと受け止められます。

Before **NG例**

- (困難に挑戦している人に)「がんばれ！」
- (業界で賞を受賞した得意先の社長に)「おめでとうございます！　我が社もお手伝いできて光栄です」
- (仕事について書かれた記事に)「好きなことが仕事だと悩みもなくていいですね。うらやましいです」
- (落ち込んでいる人に)「ちょっと神経質になっているかも？　もしかしてA型？」
- (取引がうまくいったと喜んでいる人に)「○○さんのお人柄ですね」

After OK例

●（困難に挑戦している人に）「がんばってるね。きっとうまくいくよ」
●（業界で賞を受賞した得意先の社長に）「おめでとうございます！御縁をいただいていることが光栄です」
●（仕事について書かれた記事に）「好きなことを仕事にされていて、素敵です」
●（落ち込んでいる人に）「そういうときってありますね。
きょうはゆっくりお休みしましょう」
●（取引がうまくいったと喜んでいる人に）「○○さんの実力ですね。よかったですね！」

POINT

相手の立場や状況をきちんと尊重するのは、リアルでも同じ。相手の許可を得ていない状態で、勝手に相手との関係や情報を書き込まないほうがいい。誰に見られているか分からないので、「明示しない」こともひとつの思いやり。

ソーシャルメディアを使っていないときでも、普段から「どのようにコメントしよう」と考えをめぐらせる習慣をつける。相手にプレッシャーを与えたり、ひとくくりにしたり、クローズドなことをオープンにしたりすることはトラブルのもと。

しかも、熟慮して回答できる習慣がつき、リアルでも好印象を相手に与えます。

そのコメント、ちょっと待って！

前ページの図は、広く公開されている投稿へのコメントの一例です。

一見ありがちで、好意からのものがほとんどです。

でも、よくよく考えると、努力している人になおさらプレッシャーを与えたり、相手が望まないのに取引関係があると分かるコメントをしたり、相手に悩みがないと決めつけたり、血液型で性格をひとくくりにしたり、仕事なのに力量ではなく人柄だけを褒めたり……。ちょっと残念な感じは受けます。

しっかり関係性ができている間柄なら問題ないことも多いので、どうしても悪いという意味ではありません。

けれど、仕事でソーシャルメディアを使っている場合は、気をつけないに越したことはありません。

事例以外でも、たとえば**本人がまだ発表していないことを本人よりも先にコメント**

で書くなどはやめましょう。

婚約や入籍、内定、合格、退院、昇進……など、どれもお祝いごとです。どんどん広めてあげようと思うかもしれません。しかし、本人が投稿していないのは、何か考えがあるかもしれないのです。先走らないように気をつけましょう。

第6章

ファンがつくSNSは、目のつけドコロが違う！

——独自の視点で情報の価値を高めるノウハウ

1 大事な情報はインターネットの外にある

「どう書くか」より「何を書くか」

「コピーライターさんなんですね。文章の書き方に困っているんです。また教えてください」

といつも言われます。それに対して、お決まりのように私が返す答えがあります。

「『どう書くか』も大事なんですが、それ以上に『何を書くか』がポイントですよ」

何を書くか。それはネタであり、発想であり、内容そのもの。面白く書こうとする以前に、面白いことを見つけましょう。

どうしても書きたいと思ったことは、すらすら言葉が出てくるものなのです。

ネタに困ったら、集中的にインプットして手放す

「何を書くか」が決まっているときは、言葉もためらいなく出てきて、書くのが楽しいものです。ですが、毎日普通に生活をしていて、そう毎回「どうしても書きたいこと」があるわけもありません。

「内容が大事なんて、言われなくても分かっている。それができないから困っているんです」

そう言う人もいるでしょう。でも、大丈夫。それでも多くの人が日々ブログを更新し、フェイスブックに投稿しています。

実は、アイデアをひねり出すコツ、というものがあるんです。それを知っているか知らないかの差だけです。

私がおすすめするのは、情報を一度にぎゅっとインプットして、一度放置すること。新聞・テレビ・雑誌・ネット……何でもいいのです。見たり、読んだりしたら、そこからすぐ書くのではなく、散歩にでも出て、一度情報を手放すのです。

人の記憶というのは不思議なもの。インプットした短い期間しか覚えていられない

短期記憶が、忘却しなければ死ぬまで覚えている長期記憶として根付くには、手放すことも欠かせない作業です。

散歩をするのもいいでしょう。感覚が研ぎすまされ、頭が冴えてきます。

また、普段の外出でもインプットができます。パソコンの前で「何を書こう」と頭をひねってうなっているときよりは、アイデアがわいてくるものです。

何気ないことを「なぜ？」で深める

話題の豊富な人、アイデア豊かな人に共通すること。それは、いつも「徹底している」ということです。

誰でも気がつくちょっとしたことや違和感。普通は、「ふ〜ん」で通りすぎてしまいそうな何気ないことに対して、

「なぜ？　なぜ？」

と突き詰める姿勢です。

日々の暮らしで気づいたちょっとしたこと。

それを発見したことにまず、あなたの視点があります。

他の人には、気づきたくても気づけないことかもしれません。それを、ちょっと調べてみる。自分なりの答えを見つけてみる。

気づきや違和感のモトが分かると、人は「ハッ」とします。

専門家というとおおげさに感じるかもしれませんが、そういう**小さな積み重ねで専門的な知恵が蓄積**されていくのです。

日々の気づきを知恵に変える小さな驚き。それを面白がって突きつめていくと、「何を書くか」、発想のタネになりますね。

なぜ？なぜ？で深めてみよう

●**お店で**／いまのお店、感じがよかったなあ。どこがどうとは説明できないんだけれど、どこが感じよかったのだろう。

●**電車で**／ん？何だかいまのアナウンス、変だったぞ。どこがおかしかったのだろう。言葉使い？それともスピード？

●**マチで**／あれ、いま通りすぎた人、普通なんだけど、かっこよかったなあ。姿勢がよかったからかな。

●**公園で**／この看板、ぜったい言葉使いがおかしい気がする。ちょっと写メして、帰ったら調べてみよう。

●**駅で**／電車が遅れたのに、この駅員さんの対応って…遅れるということよりも、何時にどうなるという「未来」が知りたいんだよね。

2 一心にひたすらに聞くということ

「百聞は一見に如かず」と「百見は一聞に如かず」

実際に見たこと、体験したこと。そこに疑問を持ち、深める。

「百聞は一見に如かず」ですね。

このことわざは、『趙充国《ちょうじゅうこく》伝』という中国の歴史書「漢書」の一節です。趙充国という将軍が皇帝の使者に、漢に逆らう異民族・羌《きょう》の勢力はいかほどと思うか、反乱を鎮圧するにはどれほどの兵力が必要か、と尋ねられて、答えた言葉です。

人から何度聞くよりも、現地に赴き、その場で自分の目で確かめたい。趙充国は、そう答えたのです。徹底的な現場主義ですね。

この対極にあるのは「百見は一聞に如かず」。

僧侶である私の父が、生前自らの体験によって語ってくれた言葉です。

「百見は一聞に如かず」で聞く

「家庭の話、就職の話、故人の記憶……門徒さんの話を聞いていて、つい口をさしはさみそうになるところで、こらえる。愚痴をこぼせてよかったと喜ばれたい。泣けてよかったとうれし涙を流してもらいたい。その人の目薬の一滴にでもなりたい」

そう言って、父は私に「百見は一聞に如かず」という言葉を贈ってくれたのです。

「見ているつもり」で見ていない。

だから百回見るよりも、一度聞くほうがよい。この場合の**「一度聞く」は、一心に、一途に、ひたすらに、全神経を集中して聞く**ことを指しています。

私たちは普段、聞き直すことはあっても、見直すことはあまりありません。見るという行為は、それほど直接的で、確かなものだと思い込んでいるからです。

しかし、人間の脳は、思いのほかいい加減なもの。意識を集中しないと、見ているつもりでも、まったく記憶に残らなかったり、誤解したまま見たり、先入観で見たりします。

見ているつもり、知っているつもり。だからつい注意をそらし、心を配ることを忘れてしまいます。けれど、どれだけ心通わせていられるかは、実際心もとないものですね。

十年来、二十年来の友達が10人いたとして、生き方を語り合ったり、悩みを打ち明けられたりするような間柄は、さらに一握りかもしれません。

ソーシャルメディアで「聞く」は「読む」

ソーシャルメディア時代にあって、自分メディアを持つ人が増え、その考え方にふれることができるようになりました。「百見は一聞に如かず」は「百見は一読に如かず」とも言い換えられるでしょう。

自分メディアの持ち主は、そこであたかも語っているように書いています。読者も、その人が前にいるつもりで、ブログやフェイスブックの記事を読むのです。ブログはその人の書斎に招かれて、じっくり何かの談義をしている気分。

つぶやきをつづるツイッター、「いまどんな気持ち」をつづるフェイスブック、そ

Before NG例

「〜なことがありました。とても大事な学びでした」という記事に対して「なるほどね。そういえば私も、今日同じようなことがありました……（と長文が続く）」

After OK例

「〜なことがありました。とても大事な学びでした」という記事に対してのコメントで「なるほどね。大事なことを教わりました。肝に銘じたいと思います。ありがとう。実は私もね……（と自分の話題を書く）」

POINT

相手の記事の内容に共感した、ということを短く簡潔に伝えている。コメントは記事を書いた人とのコミュニケーション。アフター例のコメントではまず「あなたのお話を聞きましたよ」という姿勢を示し、そのうえで自分のことを加えて、情報交換につながっている。

してブログ。この順で、文章の量が増えていくでしょうが、どれも「その人」の断片であるには違いないのです。

では、そこで一心に「聞く」ように「読んだ」としたら、「答える」行為に当たるのが「書く」こと。つまりはコメントですね。

目の前にいる人の話を一心に聞き、答えるようなつもりでコメントしましょう。

事例でも、自分のことを書いてはいけないということでは決してありません。相手の話を聞き終わらないうちに話している。そんな状態でなければ、自分のことを書くのはいっこうにかまいません。むしろ、自分ごとを語ることで、お互いの理解が深まります。

リアルな女子会などでも、そういうやりとりは、盛り上がりますね。

相手も、自分も大切。それが、ソーシャルメディアです。

3 子どもの目線に戻ってみよう

知らないうちに大人は受動的になっている

大人が子どもに教えられることは珍しくありません。私自身も普段、子どもたちに教えられることが多いです。

たとえば、テレビ番組で「パーセント」と「ポイント」を意図的にすり替えられたとしても、忙しくて情報を聞き逃しがちな大人たちは気づくことができません。しかし、子どもはひとつひとつの情報をきちんと考えるので、そのすり替えにはだまされにくいのです。

あらゆる情報は編集されて、受け手のもとに届きます。忙しいからと情報を自分の中で精査する作業を怠ると、落とし穴にはまらないとも限りません。

そうならないように微調整してくれるのが、家族や身近な友人とのやり取り。さらには、情報の現場に足を向けることです。周囲に耳を傾けつつ、どんな情報に対しても、ニュートラルな感覚をキープしたいものですね。

大人は知識や体験が増えて、それが知恵になっていくわけですが、いっぽうで**知識や体験に邪魔されることもあります。**

時にはまっさらな目で、何も知らない小さな子どもに戻ったつもりで、まわりを眺め直してみましょう。驚くほどの発見がありますよ。

桜はどうやって色づくのだろう。風はどこから吹くのだろう。日はなぜ、東から昇るのだろう。飛行機はなぜ、飛ぶのだろう。蚊が刺す瞬間に、なぜ人は気づかないのだろう。

当たり前すぎて、気に留めていなかったようなことに気づいたり、思わぬ発見をしたり、新しい驚きがあったり。そんな小さな気づきのなかから、ネタが見つかることがあります。

あらゆるものを一度は疑う

フランスの哲学者デカルトは、「すべてを一度は疑うべき」と説いています。

これは、懐疑主義とはまた別のもので、真理を追究するための姿勢を述べたもの。

誰しも子どもの頃から無批判に受け入れてきた常識や先入観に支配されています。真理に至るために、それらを一度全部捨てて、虚心で物事を観察しなさい。

そういう意味です。

人から聞いた言葉、ソーシャルメディアで見聞きした知識、メディアの論評、書物の知識……どんなことでも一度は疑ってみることも必要です。

極端な話ですが、ソーシャルメディアで本人が本人のことを書いていても、そこには「見られているメディア」ならではの意図がゼロではありません。

特に仕事でも活用したいと使っている場合、私も含めて、「見られたいように書く」ことは、当然ありえることです。

「N・H・T」で情報の本質を捉える

テレビの情報番組で「○○が健康にいい」と聞いてお店に行くと、すでに店頭で品薄。

あなたにもそんなことがあるのでは？

そして、それが万一ヤラセだと分かったときには？

「○○ばかり食べていたのにどうしてくれるんだ」

そんな苦情が番組には殺到します。確かにヤラセはよくありません。メディアとして弁解の余地はありません。発信元の責任を追及するのはもっともです。

でも、ちょっと待って。買い占め行為には感心しません。普通に暮らしていて、同じ食品だけを食べることに疑問を感じはしないのでしょうか？

自分のバランス感覚を常にキープしておきたいですね。

私が自分で名づけ、心がけているのが、「N・H・T」の3つです。

N（なぜ？）・H（本当に？）・T（多面的に）

この3つを心がけていれば、情報の本質を置き去りにすることはありません。情報に踊らされず、自分の頭と心で考えるようにしましょう。

情報シェアも一呼吸置いてから

フェイスブックの情報でも、安易にシェアするのは禁物。

何百も「いいね！」がついている広告を見ると、安心して「いいね！」やシェアをしたり、載っている商品を買ったりすることがあるかもしれません。

しかし、まれに詐欺広告があって、問題になることもあります。

感動する物語でたくさんの「いいね！」を集めた末に、「投稿を編集」機能を使って、その内容を情報商材のＰＲにすり替えるという手法も一時期はよく見かけました。「いいね！」が多いからといって、過信は禁物でしょう。

情報に対する能動的な姿勢をバランスよくキープするためにも、自分の頭で自分の力で考える――キーを打つ手をちょっと止めて「Ｎ・Ｈ・Ｔ」を思い出してみてください。

【N・H・Tで考えよう】

テレビ番組で紹介された健康食品は、摂取するとダイエット効果があるという。他の健康面での影響はないのか？

↓

N・H・Tで情報を多面的に眺める

↓

N＝Naze「なぜ？」…○○がなぜ身体にいいのだろう？

H＝Hontouni「本当に？」…そのデータは本当に事実に基づいたものなのか？

T＝Tamentekini「多面的に」…ダイエットにはいいだろうが、多面的に考えて、それだけの頻度で摂取した場合、逆に健康面での影響はないのか？

4 専門力でひと味違うブログを書こう

違和感のモトを解決しよう

言葉には、ルールがあり、それに基づいて私たちは書いたり話したりします。

しかし、母国語なので日頃はあまり細かいことを気にしないで使っています。

特に敬語の使い方。多少間違っていても、それほど大きな問題にはなりません。

しかし私は、「何か変だ」とたびたび感じていました。

「なぜ変なのか、どう言えばいいのか」

私は、ブログを使って、その違和感のもとを「○か×か」の正誤判断だけでなく詳しく解説しました。

すると、ＰＲをしなくても自然にアクセスが集まりました。

ほとんど更新をしなくても、知らない誰かが参考にしたり、リンクを張ってくれたりするようになったのです。

このブログを書くことは、私にとって、楽しんでできることでした。しかし、読者の方にしてみれば、長年もやもやしていた霧が晴れたような気になったようです。「何か変だなあ～、でもどこがおかしいのか分からないと長年思っていた言葉の問題が、ここで解決してスッキリしました」

そんなコメントが時々届きます。

知識ブログより、問題解決ブログに人は集まる

言葉は常に生きて、動いて、その使い方も加速度的に変化している。そう肌で感じていたからこそ書いたのが「ほどよい敬語」というブログです。書くときには、自分のなかの知識だけで書かないということに気をつけました。

なぜなら、知識ブログではなく、問題解決ブログを目指したからです。実際に敬語を使う場面で悩んでいる人の役に立つ情報を。そう考えて、記事を積み重ねていきました。

執筆当時は「ファミコン敬語」が注目され、ファミレスやコンビニだけがおかしな

日本語の温床であると考える人が増えていました。しかし、学校でも、家庭でも同じような「ヘン！」はいっぱいあります。そういう普通の言語感覚を大事にしてほしいという願いでつづったブログは、作成が終わった後もさらにアクセスを伸ばし続けました。

ソーシャルメディア時代になれば、皆が情報発信をするようになり、人のブログなど見向きもしない人が増えると思いました。が、実際にはその逆で、言葉について調べたいことが増えたのか、さらにたくさんの人に読まれるようになったのです。

「これは私のためのブログだ」と感じた人は、ブックマークをしてくれます。同じように困っている人に教えてくれます。それは発信者であるあなたにとって、理想の読者です。

その理想の読者に届けるつもりで、書きましょう。その人が待っているのは自分の課題を解決してくれる知恵です。

問題解決を目指す専門的な知恵を狭く深くアピールして行き、次に応用度の高い知恵が広まるのは理想的な情報の流れです。

あなたが専門家として自立したいとき、まず専門的に発信できることを深く掘り下げてみてください。

【専門性を活かせること】

- **得意なこと**
- **やっていて楽しいこと**
- **回りに頼りにされていること**
- **普段からたびたび褒められること**
- **人に喜ばれたこと**
- **人の役に立っていること**
- **すでに提供して報酬を得ていること**

思いつく限り、あげてみましょう。その中から継続的に発信できそうなものを選びます。できれば、狭いテーマで書いてみることをおすすめします。

本屋さんに行って、棚を眺めると、いろんなジャンルが目につきます。

あなたはどれにひかれるでしょうか？

純粋に読者としてひかれたら、それはあなたが興味のある分野です。

店頭の「今週のベストセラー」という棚も見てみましょう。注目されているトレンドが分かります。

本の世界は、多くの知恵を網羅しています。

いまどんな知恵を市場が必要としているか、ありがたいことにランキングで教えてくれるのです。

１つのテーマで単行本１冊くらいの量を書ける――そう感じたら、そこはあなたが専門的知恵を生かせる場所です。

もし、章立てまで頭に浮かぶようなら、頭の中からそっくりそのままブログに書いてみてください。

5 「主観」と「客観」の違いを知って書き分けよう

主観的に書くべきか、客観的に書くべきか

文章には主観的なものと客観的なものがあり、マスメディアの文章はそれがきちんと分離されています。しかし、ソーシャルメディアでは、主観と客観が入り混じった文章がほとんどです。

「いま」を発信するソーシャルメディアでは、発信者の立場が一定ではないので、当然と言えば当然。発信者が第三者なら客観ですし、主体者なら主観になります。

次のページの例文は、子どもを持つネットショップのオーナーを想定したブログ記事です。

ビフォーだと、発送期日を明言しておらず、確約できない・約束できない人という、ビジネス上ではマイナスな印象を持たれることになります。また、自分の子どもがが

あるネットショップの店長

Before NG例

●フェイスブックで「年末の発送作業はいつまでですか」という質問を受けて「12月27日までにしたいと思います」と回答。
●その後、店長ブログでは「息子の運動会でした。結果は1番でした」と報告。

After OK例

●フェイスブックで「年末の発送作業はいつまでですか」という質問を受けて「12月27日（木）が最終発送日です。新年は1月3日（木）に発送作業を開始します」と回答。
●その後、店長ブログでは「やったぁ〜！思わず大声が出てしまいました。なんと、運動会の徒競走で息子が1番！ゴールのテープを切る瞬間、夫婦で大喜びでした」と報告。

POINT

お客様は年末の返送作業期日という客観的なスケジュールを尋ねているのに対し、ビフォー例では「思っている」とあいまいな返答になっている。また、子どもの活躍に対し「なぜそんな冷めているの？うれしくないの？」と疑問を抱かせる記事になっている。

アフター例では、未来の予定をきちんと明言し、さらに年始の発送作業開始日も明記。お客様も安心して取引できる。また、自分の子どもに愛情を注ぐ父親像は、好意的に受けとめられる。

んばったのに、客観的に書きすぎて冷たい印象です。

では、どう書けば? ネットショップで製品や配達について質問されたときなどは、具体的かつ客観的に。

店長ブログなど、お客様との交流も行うメディアでは、主観的なことも載せましょう。その時々の立場・内容・メディアによって「主・客」を書き分けます。

主観的か、客観的かは文末で判断

レポートや論文調に書く場合は、客観的な文末のほうがふさわしいですね。感嘆符などもあまり使いません。専門的なブログもそうです。

一方で、「楽しい店長日記」などでは、お客様とのやりとりやうれしかったことなど、主観的に書くといいでしょう。

幸せであることやうれしかったことなどは、ちゃんと喜びの表現を。そのほうが人間的な魅力も伝わります。

主観的か客観的かの程度は、文末で判断されます。

主観的な文末と客観的な文末の一覧

【主観的な文末の特徴】

- 心情や感情、自分の意見を交えた文
- 感嘆符なども使用される場合がある
- 誇張されている場合もある

意見	「(私は) ～と考えます」「(私は) ～だと思います「(私は) ～だと見ています」
問題提起	「～ではないでしょうか」「～ではどうでしょうか」「～ではありませんか」
推論	「～でしょう」
叙述	「～と感じます」「～な気がします」「～は美しいです」「～に価値があります」

【客観的な文末の特徴】

- 定義や分析、レポート、報告、専門的な質問への回答などに使うことが多い
- 根拠や理由が明記されている
- 誇張表現がない

受動態	「～と考えられます」「～と思われます」「～と見られます」
断定	「～であることは確かです」「～に相違ありません」「～といえます」「～であることは明らかです」
推論	「～であると予想されます」「～と推論できます」「～であると推察されます」「～でしょう」
可能性	「～の可能性があります」

＊100%主観的・客観的な文章はない

一言添えると、主観も客観もあくまで「程度」というくくりです。

正確に言うと、純度100％ということはありません。客観的に書いたつもりのコラムでも、文字にして披露した時点で、すでに編集という主観を交えています。

その逆に、主観的に述べたつもりでも、読者から見れば客観的に感じる場合があります。

つまり、あくまで「きわめて主観的な文章」や「かなり客観的な文章」という位置づけにすぎないのです。

そのことだけは取り違えのないように、文末表現を押さえておきましょう。

6 行きたくなるイベントページはどこが違う？

「集まらない」には理由がある

「集めようとすると人は寄ってきません。『集める→集まる』に発想を転換しましょう」言うのは簡単ですが、結局のところどうすれば「集まる」に変換できるか、ですよね。

集客は悩みどころですね。イベントの主催者も目的も講師も、そして対象者も、イベントごとに違うからです。ひとつの方法がすべての場合に通用するとは限りません。

それでも、いまより少しでも参加したくなるイベントページにつくり変える方法はあります。

最低限見直すべきこともあります。それを紹介しますね。焦らず、ひとつひとつ実行してください。

セミナーが100あっても、ゴールはひとつ

集客は確かに面倒なもの。違う立場の人間がいて、イベントの性質も違います。それでもやるからには、ゴールを目指してがんばりたいですよね。

ではセミナーの場合、ゴールとはなんでしょうか？　準備した会場が満席になって、主催者にも講師にも利益が出て、参加者にも感謝されることがゴール？

確かにそれもうれしい成果です。しかし、それがゴールなら、セミナーが終了した時点で主催者の役割は終わっています。参加者ならそれで十分ですが、主催者には別のゴールがあることを意識しておきましょう。

主催者の本当の役目とは

具体的に考えてみましょう。たとえば「売上げが2倍になるＰＯＰの作り方講座」というセミナーがあるとします。このゴールは何でしょうか。

申込が殺到して、セミナーが定員に達することでしょうか。受講者にＰＯＰの作り方を理解してもらい「来てよかった」と言ってもらえることでしょうか。悪くありま

せん。でもまだ、足りないのです。

本当のゴールは、すでにタイトルに書かれています。

そう、タイトルは「売上げが2倍になるPOPの作り方講座」でしたね。ですから、「これを受けた人が、内容を実践して、売上げが2倍になること」が本当のゴールです。

と言うのも、参加した人は、

「売上げが2倍になるのか。よし、じゃあ受けてみよう」

と足を運んでくれたわけです。主催者としても、ぜひ目標を実現してもらえたら幸せですね。

お分かりでしょうか。「セミナーが終わると同時に、主催者の役目が終わるわけではない」と書いた理由が。

このことを頭において、いますぐできることが次の3つです。

①イベント（ページ）の設計を最初から見直す

②イベントのもてなし方を考える

③イベント後のフォロー&サポートを考える

「集まるイベントページ」へのつくり変え方

最初に、イベントの内容そのもの、そしてその告知のページを見直しましょう。

参加者にとって価値のあるイベントを開催するのは大前提ですが、どのようなイベントを行うのかが伝わらなければ参加者は集まりません。

そして、想定した参加者層に合う人にイベントを告知します。そして参加を申し込んでくれた人に、イベントを楽しみにしてもらえるようコメントを書いたり、より有意義なものにするための準備があれば、あらかじめお知らせしたりすると親切です。

そしてイベント終了後、参加者にお礼をし、その後のフォローやサポートも忘れずに行います。

たとえば「日時・会場・料金・申し込み方法など説明は分かりやすいか」。

行きたくても、会場未定だと参加を確定できません。決まっていないなら、せめて「東京都内・○○周辺です」と地理的な目安を書きましょう。地図や交通案内も分かりやすく。不明瞭な場所だと、せっかく行く気はあっても「調べてから返事しよう」

「集まるイベントページ」実践方法

1. イベント（ページ）の設計を最初から見直す

このイベントは本当に参加者にとって魅力的なものか、その魅力を伝えられているかを再確認

❶ゴールはどこか
❷タイトルは目指すゴールを
分かりやすく表現しているか
❸誰に来てほしいか
❹なぜ、それを行うのか
❺どのように行うのか
❻講師のプロフィールは魅力的に書けているか
❼日時・会場・料金・申し込み方法など
説明は分かりやすいか
（意外と抜けていることが多い）

2. イベントのもてなし方を考える

ひとつのイベントで最低３回「開催前・開催中・開催後」の告知チャンスがある

❶３回分の告知文を考える
❷参加者として「ふさわしい人」に案内する
❸参加表明があればお礼コメントを書く
❹理解を深めるための準備があれば案内する

3. イベント後のフォロー＆サポートを考える

開催の報告や参加者へのお礼、アンケートなどをイベントページに掲載する

❶イベント後のフォロー
❷必要ならサポートも案内

といと思うものです。

また、いくら主催者が講師を絶賛しても、その講師のプロフィールが不十分だとまひとつ意欲がわきません。

いろんなことが抜け落ちていると、参加したい人も参加表明できず、つい申し込み期限を過ぎてしまうということがあります。

こうした**当たり前の一つ一つを丁寧に行うことは、案外見落としがち**です。

目の前の一人に思いを込める

申し込んでくれたひとりひとりをおもてなしする気持ちを忘れずに。

1000人の最初の申込者が、一人目です。

1000人の最初の申込者もやっぱり、一人目です。

「定員に全然達しないよ～」と嘆いてばかりで日が過ぎていく……できることを精一杯していますか? せっかく申し込んでくれたのに、イベントページで参加表明してくれたのに、「ありがとう」のコメントをまだしていない、なんてことはありませんか?

リアルの店で「ごめんください」と声を張り上げているのに、店の主人が出てこない。それと同じようなもの。来店客をひとりぼっちにしているのと同じことなのです。

イベントページが更新されると、招待された人にもお知らせが届きます。「○○さんが参加しました」とお知らせされたら、感謝のメッセージを送ったり、コメントを書いたりしましょう。感謝されて嫌な気になる人はいません。

参加表明してくれた人の力も借りて、スタッフのみんなで盛り上げていきましょう。

一番大切なことは「どこまで思いを込められるか」です。

主催者側からのコメント

参加表明ありがとうございます。
楽しく役に立つ時間にできるよう、がんばって準備していますよ！
スタッフの私たちも前回以上にワクワクしています。

スタッフ側からのコメント

いい機材を用意しました。
前回よりもずっといい環境になるはずなので、お楽しみに！
グローバルなコミュニケーションをストレスなくご自宅の書斎で楽しんでもらえますよ。

7 自分の「軸」を持てばブレずに書ける

情報は本当にあふれている？

「情報があふれているから、あえて情報が入ってこないようにしています」

こんな声を耳にしますが、本当に情報はあふれているのでしょうか？

情報とは「自分を取りまくものすべて」です。もっと言えば、人も肉体というハードと、情報というソフトでできています。

では、人が多数いるソーシャルメディアは情報の海ですよね。それなのに「書くネタがない」と嘆く人もいます。つまり、本当に必要な情報を得ている人は少ないのです。

1日10分で、書くネタがあふれるようになる方法

「情報の海におぼれそう」なのに「ネタがない」と思う人がいる。その原因は、たくさんの情報から自分にとって必要な情報を選ぶ「フィルター」を使っていないからです。

「自分フィルター・自分軸」と私は呼んでいます。この「自分フィルター・自分軸」を持っていれば、情報を自分の視点で眺められるので、書くネタに困らなくなります。

「自分フィルター・自分軸」を持つのは簡単。

まず新聞や雑誌をめくり、気になった見出しの記事のあるページをとっておきます。このとき、中身を詳しく読まなくても大丈夫。あとはその記事をしまい込まずに、電車で読んだり、人に話したりして、何度も「入出力」を重ねます。朝5分、夕方や就寝前などに5分。合計10分の入出力タイムです。

この方法を、私は「キリオリ」と名づけています。これだと情報が固定されず動かせます。持ち歩くのにも取り出すのにも便利です。

「入出力」を重ねて、ブレない人になる

情報を「自分フィルター・自分軸」で通して読み、「入出力」を重ねれば、人はブ

レなくなります。この「入出力」がとても大切。

「いくらインプットしても、なんか書くネタにこまっちゃうんですよね」

という人は、この「入出力」が「入出」だけに終わってしまっている可能性がとても高い。

つまり読む・聞く・話す・書くなどの「力」が伴っていないと、本当の意味で情報は身につかないのです。

情報を「自分フィルター・自分軸」を通して読み、自身の意見として記事を書くのは、慣れや経験が必要です。特別な訓練は必要ありませんが、すぐにできるものでもありません。機会があるごとにツイッターやフェイスブックに投稿してみましょう。

「入出＋力＝入出力」を日常的に行えば、情報が定

ソーシャルメディアで入出力

1. 新聞やニュース、会話などから「ピン！ときた情報」を持っておく
2. 自分の考えや一言を加えて、ブログに書く
3. ツイッターからブログにリンクを貼る、フェイスブックに書く
4. ブログのコメント、ツイッターのリプライやリツイート、フェイスブックのコメントがある場合は、答える

着します。その情報に対して、自分独自の視点を持つことができます。さらに、その視点によってブレない文章を書くことができます。ブレない文章が書けるようになったということは、「自分フィルター・自分軸」がしっかりと定まったといえるでしょう。

情報を「ネタ↓価値」に変える

二次情報であっても、独自の視点で入出力を加えることで「情報↓ネタ＝価値」に変換することができると前述しました。情報の入出力はさまざまな機会に行えます。情報の「マルチデバイス化」で、いつでも、どこでも欲しい情報が手に入るようになったからです。

あとは、その便利になった道具と情報を、あなたがどう使いこなすかという問題です。図の「ソーシャルメディアで入出力」を見てください。

4で終わるのではなく、さらにここから他のネタにつながることも多いのです。ソーシャルメディア時代以前は、2や3を行おうとすれば「レポートや会議での発言、人と会って話す」ことだけが手段でした。ところが、いまはスマホでもできます。4についても、自分に合うツールを使うことで、その場でフィードバックが得られるのです。すごいなあ、とびっくりします。

コメントのなかで、新たな知恵が生まれる場合もあります。自分軸で書いた情報に、「友達」の思考軸が加わるからです。それが二次情報であっても、そこに入出力が加わり、思考軸が交われば、新たな価値に変わるのです。

「ネタ↓価値」＋読者視点

独自の視点で見つけた、新鮮なネタを価値に。

そこで考えたいのは、読者目線です。一般的に共感される話とはどんなものか、あげてみました。

下図のような視点であなたの価値を編集し、発信してみてください。

思わず共感したくなるのは？

- 初めて聞く話
- 見過ごしていた話
- びっくりする話
- 違う角度からの話
- 役に立つ話
- 感動する話
- 得になる話
- 笑える話
- 悲しい話
- 元気が出る話
- 応援したくなる話
- タイミングのいい話
- 私もだよと共感したくなる話
- 発想を刺激される話

8 ブレない文章には「ファン」がつく

視点がある文章は「素通りされない」

あたりさわりのない文章と、どこか気になる文章。ソーシャルメディアで注目されやすいのは、後者です。

どこか気にかかる文章には、発信者なりの視点が含まれています。独自性ゆえ、反感を持たれる場合もあります。しかし、それはその人のものの見方・意見にカドがある、エッジが立っているということです。それが共感につながります。

深く、ピンポイントで共感してもらえるように視点を磨きましょう。

因数分解であぶり出す「目のつけどころ」

視点とは、その人なりの「目のつけどころ」。素材は平凡なのに展開に引き込まれ、つい最後まで読んでしまう文章は、目のつけどころが面白いのです。

たとえば、おでんの記事をブログに書くとします。漠然と、自分ならではの視点を考えても、思い浮かぶものではありません。

そこでやってみるといいのが、情報の因数分解。

情報をなるべく細かい要素に分解することで、自分が「ピン!」とくるポイントを見つけます。

おでんひとつとっても、いろいろな切り口があるというわけです。文章は「どう書くか」より「何を書くか」が大切です。何を書くか、それを生み出すのが、発想です。

「〜と言えば」で引き出しを増やす

文章をすらすらと書く人は、たいてい発想豊かで、好奇

「おでん」を因数分解してみよう

作り方・レシピ／各地のおでん／具材の種類／いわれ（諸説）／かたち・見た目／季節／コンビニおでん／おでんの温度

たとえば、お弁当研究家なら「おでん弁当のおすすめ具材」を。地域プロデューサーなら、各地の珍しい具材を。

心が旺盛です。頭の中に、引き出しがたくさんあるのですね。一言キーワードを聞いただけでも、次から次へと泉のようにアイデアがわき出る人もいます。

突然そんな人になることはできません。でも、近づくための努力はできます。そのひとつとして、日頃から「～と言えば？」を自分に問いかけてみましょう。

たとえば「春と言えば？」。思いつくままにあげてみます。

【連想ゲーム～春と言えば？】

引越。栄転。就職。社員研修。合格。卒業。入学。進級。ランドセル。一年生。つくし。うぐいす。たんぽぽ。タケノコ。ふき。春眠。彼岸。桜。桜前線。花見。花見団子。花冷え。東風吹かば。新入社員。ひな祭り。ひなあられ。菱餅。ひな人形。蛤。花祭り。三寒四温。名残雪。春一番。

あなたがカラーリストなら、色をテーマにして、ランドセルを取り上げてみてはどうでしょう。かつて男児は黒、女児は赤とお決まりだったランドセルも最近ではずいぶんカラフル。「一体何色あるんだろう？」と気になるはずです。

メーカーのサイトに行けば一目瞭然でしょうが、実際に百貨店の売場に行って、調べてみるのもライブ感があっていいですね。

私は「言葉」が気になります。そこで「東風」のバリエーションを書くだけでも、ひとつの文章になるかと調べてみました。

【東風（こち）のいろいろ】
朝東風、雨東風、荒東風、いなだ東風、梅東風、北東風、弘法東風、鮭東風、鰆東風、椿東風、強東風、雲雀東風、正東風、夕東風……

いずれも春に東から吹いてくる風です。地域独特の言い回しもあります。私たちの先人がいかに、春を待ち望んだかがうかがえますね。

こんな風に日頃から暮らしのなかで気になったことを調べます。ネタが見つかるだけではなく、そこから新しい世界が広がることも多いのです。

9 ツイッターはスピードと広がりを意識しよう

ツイッターはスピード感が命

フェイスブックでは、「いいね！」など反応の多かった人気の高い記事が優先的に表示されますが、ツイッターのタイムラインは、つぶやいた順番にどんどん流れていきます。反応やリツイート数に関係なく、時系列です。

しかし、友達の「いま」をリアルタイムで知ることができるし、何か起これば、テレビ、新聞よりスピーディに情報が駆け巡る様子は、感動的でさえあります。

仕事で使うツイッターは「名前＋肩書きｅｔｃ」＋プロフィール

ツイッターの使い方はシンプル。アカウントを取り、ログインしてつぶやくだけです。後は、読みたいつぶやきがあればフォローする。メッセージを送る。リツイートする。基本的な使い方は、この4つです。

アカウントは匿名でもかまいませんが、仕事で使うなら名前を示しましょう。仕事で利用する場合には、これに肩書きやブログ名などの情報を加えると、相手が探しやすいでしょう。

この本を執筆するまで、私のアカウントは「前田めぐる」でしたが、肩書きなどの付属情報を加えている人が多いことにふと気づき、本書の執筆中は「前田めぐる『ほどよい敬語&SNS文章術』」としてみました。これによって「敬語についての情報を発信している人だな」と他のユーザーに分かってもらえます。

プロフィールも書きましょう。

強制ではありませんが、もし自分がフォローされる立場ならどうでしょう。どこの誰か分からない人をフォローし返すことはまずありませんよね。

会ったことがなくても気軽にフォローし、フォローされるツイッター。伝えたい相手がいるなら、「信頼しあえるつながり」にプロフィールは必須です。

いまこそ使いたいツイッター

もしあなたが何らかの専門家や自営業者、クリエイティブな仕事についているのであれば、いまこそツイッターを活用してみましょう。

一時期流行したような、フォロワー数を競うことはなくなっています。むしろ、力を入れているホームページやブログへユーザーを誘導する動線としておすすめ。フォロワーとじっくり関係性をつくってみましょう。

もし、お店をやっている人であれば、同じ地域で生活している人とつながる手助けになるでしょう。専門家であれば、そのジャンルの言葉で検索すると見込み顧客や未来のパートナーと出会える可能性もあります。

たとえば､ブログを書いている人は､更新情報をつぶやいてみましょう。その際「ブログを更新しました」だけではなく、内容を想像させる「つかみ」も一緒につぶやいてみて。つぶやきを拾ってもらえる時間は、0・5秒。つかみがなくては読んでももらえませんし、ましてや検索でもヒットしにくいのです。

知人や友人以外に、まずは、あなたの発信に興味を持ってくれる人を見つけましょう。そのためにも、つぶやきに「つかみ」をいれることは重要です。

10 一次情報はスピードと裏付けがポイント

一次情報と二次情報

情報には、一次情報と二次情報があります。一次情報とは「この目で見た、直接会った」など、あなた自身が得た情報のこと。二次情報とは、他の誰かが言っていた、本に書いてあった、TVで見たというような、第三者を介して得た情報のことを指します。

事件があると、記者とカメラマンが駆けつけて取材し、まとめて報道する。ソーシャルメディアが発達する以前は、マスメディアが現場に駆けつけて、一次情報を流すことがほとんどでした。

ソーシャルメディアで一次情報を知る

ところが、ソーシャルメディアが登場してからは、この順番が絶対ではなくなりました。情報を真っ先にソーシャルメディアで知ることが増えてきたのです。火事や事故の報道で、「読者提供」として一般人が撮った画像が使われているのも見かけます。

下図の例①のようなことが「現場」にいる人のツイッターやインスタグラムから伝えられます。

利用者には、この一次情報が瞬時に届くのです。自分の「友達」がその現場にいて、生の情報を伝えてくれるのですから、信頼性もピカイチですよね。

「今年はまだ桜を見に行っていないなあ」と思っている京都の人が、例②の記事を読んで嵐山へ行くかもしれません。

このように、ソーシャルメディアで情報が拡散し、友達やフォロワーに伝わって、次のアクションが起きるのです。

例①「つぶやき@行列」

寒いけど、並んでます。雪が止んでよかったです。整理券をもらうまで、後30分。誰か、貼るカイロ持ってきてぇ〜。

例②「春の嵐山からのつぶやき」

嵐山は今まさに桜が満開。この美しさ、もう、言葉にできません。

売り込み色のない情報が信頼される

「自分も実際に行ってみたいなあ。食べてみたいなあ。観てみたいなあ」

そんな気持ちを喚起させ、行動にまで結びつけてしまうのがソーシャルメディア。

これには「売らんかな」で発信される情報はかないません。

お店の情報よりも、お客さんが勝手に書いてくれる情報のほうが、読者には何倍も魅力的にうつるのは当然です。

そんなソーシャルメディアを使っているのと、使っていないのとでは、知り得る情報に大きな差がありますね。

ただ、ソーシャルメディアが現れたから、テレビや新聞は不要かというと、そうは思いません。新聞には新聞の、テレビにはテレビの役割があります。

一次情報と裏付け

一次情報は裏付けが大切。ソーシャルメディアなどで発信する場合、すぐに拡散されてしまうので、十分に注意しましょう。「怪しいな、ほんとかな」といった情報は、安易に同調すべきではありません。「いいね！」が多いから信憑性が高いとも言いきれないのが、ソーシャルメディアの怖さです。

一次情報が生まれるもうひとつの「現場」

一次情報は、いま自分が立っているリアルな現場、足もとで起こっている場所での情報ということですが、実は他にもうひとつ「現場」があります。

それは「気持ち、心」という「内なる現場」。そう、その一次情報には裏付けが要りません。思うから思う、感じるから感じる。そのストレートさをつづってもいいのです。しかも「そのときの気持ち」というものは、他の誰でもない自分だけが書き留められる情報です。

自分史として振り返れば「へえ、こんなこと考えていたんだ」と懐かしく愛おしく思えることも。「内なる現場での一次情報」は、きっと大事な記録になります。

11 二次情報は「独自化＝カスタマイズ」の視点が大切

万人受けはしなくていい

「よし、フェイスブックでいい人脈につないでいこう」

共感のつながりを深めるのが、ＳＮＳ。心がけとして、とてもよく分かります。

ところが、人脈のことばかり頭にある人は、いっぱい「いいね！」が欲しいからと、つい万人受けする情報を投稿してしまいがちです。

しかし、カギを握るのは、投稿した情報にあなたなりの独自性があるかどうか。焦点のぼやけた記事は、本当につながってほしい人を呼んでくれません。

人脈は文脈。あなたの人柄や思考は、言葉にあらわれます。文脈という言葉の連なりは、同じような言葉が流れる支流に注ぎ込み、同じような文脈を見る人のもとへ届くのです。

二次情報は独自の切り口で

「ソーシャルメディアに書かれていることは大半が、一次情報に比べて質や確実性の劣る二次情報だ」

とよく語られますが、果たして本当にそうでしょうか？

私が講師を務めた講座で、受講生に「①この記事が気になった②その記事のこの部分が面白いと思った③もし自分なら次のように生かしたいと思った」という3点を発表してもらいました。すると、3人が同じ記事を選びましたが、そこで得た気づきや感想は三人三様。それぞれ独自のフィルターを通したもので、展開も異なっていたのです。

つまり、二次情報とは「質や確実性が劣る」情報なのではなく、「誰かのフィルターを通った」情報と言えます。

そのフィルターは、普段の仕事や趣味、生き方までもが反映された、世界に同じものは2つとないものばかり。そのフィルターを通せば、たくさんの価値ある二次情報が生まれてくるのです。

シェアし合うことで広がる思考

ひとつのテーマがあり、それについての見解をシェアすると、その人の考え方や興味のありかが分かります。さらに自分では持っていなかった視点や切り口を手に入れることができるので、思考を拡張することもできます。

ソーシャルメディアで、二次情報を単に一次情報のシェアとして記事にするだけなら、スピードが勝負。しかし、自分だけの視点を加えてシェアするなら、じっくりでかまいません。「いつ発信されたか」よりも、「どのようなフィルターを通ったか」のほうが大事だからです。

1 こんな情報が気になった

2 この部分が面白いと思った

3 もし、自分なら次のように活かしたいと考えた

この流れで「友達」に伝えてみましょう。ツイッターやフェイスブックに投稿するのもいいですし、最初は口頭で伝えてもいいと思います。日課として定着すれば最高ですね。

12 定点観測＋６Ｗ３Ｈでフォーカスポイントを

今日からできる定点観測

あなたが「こんな人にピンと来てほしいなあ」と思える人に共感してもらう。そんな視点をどうやって磨いていけばいいでしょうか。

私がおすすめするのは、定点観測です。

いつも同じ場所（定点）を観測していると、わずかな違いにも気づけます。たとえば新聞なら、この連載だけは毎日読もうとか、このコラムだけは欠かさず読もうとか決めるのです。ウェブサイトなら、このサイトだけは定期的にチェックしようとか、フェイスブックで、この人の記事はチェックしようとかいう風に自分の感度とフィットする、読んでいて納得できるものを選びます。

気づきだけに終わらない

定点観測は、マスメディア以外でもできます。「書店なら、ここ」と毎回行く書店を決めるのも、定点観測です。いつも同じ場所（定点）をずっとチェックしていると、以前のものと比較して、その差や変化に気づくことができます。この「気づき」がとても大切なのです。

こういう身の回りのささいな変化に気づいたら、それを書いてみましょう。

下の「POPに思いを！」は、私がケーキショップの店長さんになりきって、サンプルとして書いてみました。

気づくだけなら、情報の「入」だけで

POP に思いを！

「あれ、何か違う」。いつも行く書店。見慣れた売場のはずなのに、なぜだろう。じ〜っと POP を見てみると、どの POP も最後に書店員さんの名前が書かれています。これは先月までにはなかったこと。気持ちが伝わってくる感じがして、ついつい見入っちゃいますね。
うん、いいなあ、これ。店でも早速取り入れよっと。気持ちをしっかりお客さんに伝えることも、店長の大事な仕事です。ふふ、どんなカードにしようかな。考えるだけでワクワクしてきました。今日は眠れそうにありません。

すが、それを書くことで「出力」すれば、頭の引き出しに独自の知恵として蓄積されていきます。**「入出力」した知恵は、いつでも取り出せる実践的なアイデア**です。ソーシャルメディアを単に情報発信ツールとしてだけでなく、自分の仕事や暮らしに実践的に活かせる「発想装置」として考えてみるのです。書くことがどんどん楽しくなりますよ。

「話していて面白い人」を深掘りして聞く

身近に「この人といつも話していると面白い」と思える人はいませんか。もしいれば、その人の話を徹底的に最後まで聞いてみましょう。「人」を定点観測してみるのです。

普段、そういう人とは相性が合うので、たいていい

「それ分かる、分かる。私もね……」

と応酬しがちです。しかしその、自分の話をしたいところをぐっとこらえて

「で、そこからどうしたんですか」

「で、なぜそう思ったんですか」

「なるほど、○○さんはよくそうすることがあるんですか」

と身を乗り出して聞くのです。徹底的にその人の話を聞くことで、大事なポイントが見つかる聞き方ができるようになります。

「いつも私がすることなんですが」

「仮にもし僕の立場でいうとね」

「逆にこう考えてみたらどうかなと」

……などその人がしょっちゅう口にする特徴的な言葉やよく出てくる言葉から、考え方の癖が見つかるのです。

すると、何かひとつ情報を目にしたら「もし○○さんがこれを読んだら」と考えることができるようになります。自分軸だけでなく、他人軸でも発想できるようになるのです。

やがて、「もし、あの人なら」という考え方がいくつもできるようになれば、自分自身の思考を拡張できます。すると、意図せずして、小さな情報から多軸で発想することが習慣になります。結果的に「再編集力」がついていきます。

もともとの情報が特に面白いわけでもないのに、思わずうなってしまうような文章

を書く人は、この再編集力が高い人です。そういう人は、「いまこの場がどうなれば面白いか」を常に考えるので、一緒にいても楽しいのです。

6W3Hでフォーカスポイントを見つける

では実際に書いてみましょう。

え？　でも文章をどこから書けばいいのか分からないので、書き込めない？

そんなときは一度その内容を箇条書きにしましょう。それも、ただ箇条書きにするのではなく、6W3Hの型に当てはめて箇条書きにするのです。

さて、子どもの自由研究を手伝ったYさん。どんな経緯があったのでしょうか？

「6W3H」の型にはめると次のようになります。

●Who（誰が）＝Yさんが
●Whom（誰に）＝小学生の息子
●When（いつ）＝昨晩
●Where（どこで）＝自宅で

●Ｗｈａｔ（何を）＝自由研究（コイン自動選別機）
●Ｗｈｙ（なぜ）＝まだできていないと子どもから懇願されて
●Ｈｏｗ ｔｏ（どんな方法で）＝理科のサイトを見て＋１００均商品を使って
●Ｈｏｗ ｍａｎｙ（どのくらい＝数量、種類）＝７種類
●Ｈｏｗ ｍｕｃｈ（いくらで＝金額）＝５００円

この箇条書きを下敷きとして文章を書いてみましょう。しかし、ビフォーだと箇条書きをつないだだけで、あまりおも

Before NG例

きのう子どもの自由研究を手伝いました。まだできていないと小学生の息子から懇願されたからです。理科のサイトを見て、１００均商品と自宅にある材料でつくりました。つくったのは、コイン自動選別機です。

ものさし、下じき２枚、磁石４個、洗たくばさみ、ブックエンド、紙コップ、両面テープなど７種類の材料を使って、合計５００円で完成しました。

After OK例

【これ、なんだと思いますか？】


答えは、コイン自動選別機！　かなりうまくできたと思うのですが、どうでしょう？

実は、昨日息子が「自由研究がまだできていない」と半泣きなのです。

どうしよう。う〜ん。妻が「１００均＋自由研究」と検索したら、いいサイトが見つかったんです。

ここです。 Https://www.100yen・・・

７種類の材料のうち２つは家にあったので、合計５００円で完成！

我ながら、いや我が息子ながら、かなりの完成度！

本人も大満足です。

ただ問題なのが……下の娘が「欲し〜い。お店やさんごっこする」と大泣き。

１００均商品、すごいです。助かりました。

自由研究がまだの方は、サイトをみてくださいね。

POINT

文章をいきなり書けない場合は、次の手順を踏んで書く
①書く前に「６Ｗ３Ｈ」で内容を箇条書きにし、整理する。
②気になった個所、感情が動いた項目にフォーカスを合わせて書く。
③「考えたこと・感じたこと」も添えておく。

しろみがありません。

そこで、「Ｗｈａｔ」をタイトルにして注目。できあがった作品にどんな反応があったか（ここでは、娘の反応も添えて）も加えています。


「６Ｗ３Ｈ」で漏れを防ぐ＋フォーカスポイントをあぶり出す

ここがポイントです。

「６Ｗ３Ｈ」で考えると、漏れを防ぐのに便利なだけでなく、どこに焦点を当てるかをあぶり出すこともできるというわけです。

13 3つの工夫＋9つのチェックリストで見直そう

気軽に投稿、ソーシャルメディアの落とし穴

ツイッターにしろ、フェイスブックにしろ、その他のソーシャルメディアにしろ、気軽に投稿できることは最大のメリットです。しかしそのイージーさゆえ、簡単に投稿してしまい、あとで「しまった」ということも起きてしまいます。

「書き終えた。さあ、投稿！」のその前に、もう一度読み返してみましょう。

【投稿前の9つのチェックリスト】

●意図や内容が伝わるか

伝えたい人に、意図や内容が正しく伝わるか。内容を知らないものとして、読んで

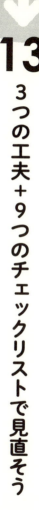

みる。

●読みやすいか

漢字が多すぎないか。句点の位置は適切か。適度に改行しているか。

●一文の長さは適切か

平均で30字、長くて50字くらい。あまりに短文で重ねると、稚拙なイメージになるので、長短をつける。最初のうちは、書き終えたら、口に出して読んでみるといい。少々長い場合でも「主語と述語」「修飾語と被修飾語」の距離を近づけることで読みやすくなることが多い。

●素通りされないか

伝えたい人に素通りされない文章を。「へえ!」「なるほど」「すごい」「しみじみ」「同感! そう思うよ」「よかったね」。そんな風に共感される「相づちポイント」があるだろうか。

●誇示していないか

人間関係やライフスタイルを単純に誇示することに終わっていないか。憧れの人と出会えた! その喜びだけでなく、その出会いによって得たことを、周囲にも役立つ情報として発信。「こんなところに感心した」「こんな配慮がさすがだと思った」など「納得ポイント」をシェアすると、独りよがりにならずにすむ。

●名指しで非難していないか

腹が立ったとき、怒りに任せて書いていないか。特定の人や企業を非難していないか。少し時間を置いて見直してみよう。「こういうことはまずいと思う。人道的でないと思う。自分の考えとは相容れない」という情報は、汎用化して書くと共感を得やすい。

●ネガティブな印象を与えないか

何をするにも「私なんか」「どうせ」「でも」と書いてしまっていないか。できない理由を付けたり、後ろ向きな発言になっていないか。

●不快感を与えないか

嫌な気持ちにさせる言葉を含んでいないか。人を差別したり、軽蔑したりする箇所はないか。人の間違いをあげつらったり、揚げ足取りになったりしていないか。

●間違いはないか

人名、企業名、商品名などの固有名詞に間違いはないか。日時や会場など、内容に間違いはないか。変換間違いはないか。同音異義語は間違っていないか。文節を組違えて、意味が通らない文章になっていないか。敬語の間違いはないか。自分のタイムラインのつもりで、他人のタイムラインや、グループに投稿していないか。

3つの工夫で読み手視点の好感度文に

特にブログの記事やフェイスブックに書く場合は、長文になることも多いので、見直しにも工夫が必要です。次のことに気をつけると、思わぬ失敗が減るでしょう。

●相手を知って、書く

足しげくコメントをくれる人や、ときには感銘を受けるような感想をくれる人は、自分にとってもソーシャルメディア上でつながりたい人である場合が多い。時間のあるときに、その人のタイムラインをまとめて読んでみる。

●目で読み、口で読む

目で入力しながら、口で出力し、耳で入力。視覚と聴覚両方で確かめることができる。

●時間を置く

短文はもう一度その場で読み直してから投稿。長文や、論旨の複雑な記事は、次のアクセスまで保存しておく。時間が経つと、思いがけないアイデアがわいてきたり、客観的に眺められたりする。時間は、文章を熟成させる。

ＳＮＳの文章は、時間の経過とともに、どんどん流れて忘れ去られていくように感じるかもしれません。確かにそういう面もあります。

しかし、オリジナルな視点で書かれた文章は、人の記憶に焼きつけられます。

どんな言葉を選べばいい？

どんな表現がしっくりきそう？

考えることが苦にならず、楽しめるようになっていけば、あなたの書く文章があなたの味方になってくれます。

あなたが本当に出会いたい「人・仕事・情報」と引き合わせてもくれるのです。

「書くコミュニケーション」が見せてくれる新しい世界を、楽しんでもらえるとうれしいです。

おわりに

本書を手にしていただき、ありがとうございます。
世の中にはたくさんのノウハウがあふれています。
新しいツールがどんどん生まれて、私たちをあせらせます。
けれど、いつも思うのです。
「それは、何のため？」
必要なら使えばいいし、不要なら使わなくていい。

新しく出てくるほとんどのツールは、今をよりよくするために使うものです。人がツールに使われるようなら、本末転倒。
大事なことは、自分らしく使えるか、活かせるか。

そんなえらそうなことを書きながらも、私自身十分に使いこなせているとは言えません。

ただ、目的を見失わずに、自分の言葉で書いているか。そのことは、いつも問いかけているつもりです。

ちょっとした心の動き。

ちょっとした気づき。

だけど、確かにそれは自分だけのもので、借り物ではない言葉。

そんな自分軸で言葉を紡ぎながら「あの人ならどう思う?」「あの人ならどう活かせる?」と、ご縁ある方々のお顔を思い浮かべます。

そうすると、そこから新しいものが生まれるのです。

私たちは、一人ひとり違います。考え方も見た目も全部違います。

だから、つながるとおもしろい。出会えたら、すごい。

イノベーションというとむずかしく感じますが、そういう違いにこそ価値があります。

青春出版社の編集者である野島純子さんが前著を読んでくださって、本書につながりました。数ある文章本やソーシャルメディア本との違いに目を留め、尽力してくださった野島さん、ありがとうございます。

仕事は人と人の間に生まれる。コミュニケーションのツールは進化し続けるでしょうが、伝えたい人に伝えたいことを伝わるように書くことの基本は、普遍のものです。出会ってくださったあなたに、さざ波のようなイノベーションが起きますように。そして、あなたの個性が誰かの個性と出会い、楽しい展開になりますようにと願っています。

心からの感謝を込めて。

前田めぐる

本書は、2013年3月に秀和システムから刊行された『ソーシャルメディアで伝わる文章術』を文庫化にあたり大幅に加筆・修正し、新規原稿を加えて再編集したものです。

青春文庫

この一冊《いっさつ》で面白《おもしろ》いほど
人《ひと》が集《あつ》まるSNS文章術《ぶんしょうじゅつ》

2018年3月20日　第1刷

著　　者　前田《まえだ》めぐる

発行者　小澤源太郎

責任編集　株式会社プライム涌光

発行所　株式会社青春出版社

〒162-0056　東京都新宿区若松町12-1
電話　03-3203-2850（編集部）
　　　03-3207-1916（営業部）
振替番号　00190-7-98602

印刷／中央精版印刷
製本／フォーネット社

ISBN 978-4-413-09692-8

仕事も女も運も引きつける「選ばれる男」の条件

残念な男から脱却する、39の極意

自分を変える、人生が変わる！
大人の色気、さりげない会話…誰もが
付き合いたくなる人は何を持っているのか⁉

潮凪洋介

(SE-672)

残業ゼロの快速パソコン術

ウインドウズ操作、ワード&エクセル、
グーグル検索&活用術まで、
ムダがなくなる時短ワザが満載！

知的生産研究会［編］

(SE-673)

折れない・凹まない・ビビらない！忍者「負けない心」の秘密

忍者が超人的な力を持っているのは？
現代科学が明らかにした
知られざる忍びの心技体

小森照久

(SE-674)

故事・ことわざ・四字熟語 教養が試される100話

「名刺」はなぜ「刺」を使うのか？
「辛」が「からい」意味になった怖～いワケ
知ればますます面白い！　本物の語彙力

阿辻哲次

(SE-675)

ほんとうのあなたに出逢う ◆ 青春文庫

日本人の9割が答えられない世界地図の大疑問100

「自由の女神」はニューヨークに立っていないってホント?

地図を見るのが楽しくなる
ニュースのウラ側がわかる
世界が広がる「地図雑学」の決定版!!

話題の達人倶楽部[編]

(SE-676)

失われた日本史

迷宮入りした53の謎

時代の転換点に消えた「真実」に迫る。
応仁の乱・関ヶ原の戦い・征韓論…
読みだすととまらない歴史推理の旅!

歴史の謎研究会[編]

(SE-677)

語彙力も品も高まる一発変換「美しい日本語」の練習帳

いつもの言葉が、たちまち知的に早変わり!

口にして品よく、書き起こせば見目麗しく、耳に心地よく響いて…。そんな「美しい日本語」を使いこなしてみませんか?

知的生活研究所

(SE-678)

本当は怖い59の心理実験

黙っていても本性は隠し切れない!
スタンフォードの監獄実験……ほか
読むと目が離せなくなる人間のウラのウラ

おもしろ心理学会[編]

(SE-679)

論理のスキと心理のツボが面白いほど見える本

「説得力」のカラクリ、すべて見せます。アタマもココロも思いどおりにできる禁断のハウツー本。

ビジネスフレームワーク研究所［編］

(SE-680)

なぜか子どもが心を閉ざす親 開く親

一見、うまくいっている親子が実は危ない。知らずに、子どもの心の毒になる親の共通点とは！

加藤諦三

(SE-681)

知られざる幕末維新の舞台裏 西郷どんと篤姫

たった一度の出会いながら、深い縁で結ばれていた二人の運命とは！
――大河ドラマがグンと面白くなる本

中江克己

(SE-682)

刀剣・兜で知る戦国武将40話

塩の礼に信玄が送った名刀の謎。大槍「蜻蛉切」に隠された本多忠勝の強さの秘密…。武具に秘められた波乱のドラマに迫る！

歴史の謎研究会［編］

(SE-683)

ほんとうのあなたに出逢う◆青春文庫

自分の中に毒を持て〈新装版〉

あなたは"常識人間"を捨てられるか

いつも興奮と
喜びに満ちた自分になる。
口絵が付き、文字も大きくなりました。

岡本太郎

(SE-684)

史記と三国志

天下をめぐる覇権の興亡が一気に読める!

その時、本当は何が起きていたのか。
始皇帝、項羽、劉邦、諸葛孔明…
運命をかけたドラマ、その全真相。

おもしろ中国史学会[編]

(SE-685)

あなたに奇跡を起こす 笑顔の魔法

毎日の人間関係、仕事、恋愛、家族……
気がつくと、嬉しい変化が始まっています。
全国から喜びの声が寄せられる"魔法の習慣"

のさかれいこ

(SE-686)

「折れない心」をつくる たった1つの習慣

負のスパイラルから抜け出せる考え方とは。
67万部のベストセラーに大幅加筆した
待望の文庫版!

植西　聰

(SE-687)

ほんとうのあなたに出逢う ◆ 青春文庫

すぐに試したくなる
世界の裏ワザ200
集めました！

例えば、安いステーキ肉を
上等な肉に変える
ドイツの裏ワザって？

知的生活追跡班［編］

(SE-688)

ここが一番おもしろい！
国宝の謎

その「名品」には秘密がある！
法隆寺・金剛力士像・風神雷神図屏風……
新たな日本の歴史と文化を巡る旅

歴史の謎研究会［編］

(SE-689)

なぜか9割の人が
間違えている日本語
1000

意外な〝間違いポイント〟が
まるごとわかる新感覚の日本語読本。
この一冊で、よくある勘違いの99％が防げる！

話題の達人倶楽部［編］

(SE-690)

外から見えない
世の中の裏事情

各業界の裏ルールから、知らないと損する
不文律、「中の人」だけが知っている
秘密の話まで。全部見せます！

ライフ・リサーチ・プロジェクト［編］

(SE-691)